JN187032

現場視点で読み解く

ISO 9001：2015の
実践的解釈

矢田富雄　著

IRCA/JRCA登録：ISO 9001 主任審査員
IRCA/JRCA登録：ISO 22000 主任審査員

幸書房

推薦のことば

ISO 9001 規格の初版は 1987 年に発行されたが，以来 1994 年，2000 年，2008 年の改訂全てに審査員として関与された矢田さんの著書である。食品専門家として審査に従事されてきた経歴を生かし，今回の 2015 年版にも経営の観点，審査の観点から独自の解説を披露してくれている。

今回の新書では従来からの主張ではあるが，改めて ISO 9001 は他のすべてのマネジメントシステム規格の背骨である，という見解が目を引く。すなわち，環境 ISO 14001 をはじめ，情報セキュリティ ISO 27001，専門の食品安全 ISO 22000 など多くの他のマネジメントシステム規格はその背骨を補強するものである，と言う主張である。ISO 9001 関係者ならばこの主張にうなずく方も多いと思うが，他のマネジメントシステム規格に関係されている方の中には同意されない方もいるのではないかと思う。

しかし，私はなるほどと感じている一人である。ISO 9001 は組織が市場に提供する製品及びサービスの品質を扱っている。組織の経営活動の多くの部分は収入源泉である製品及びサービスに強く関係している。その品質は組織の生命線でありマネジメントの主たる対象であろう。製品あるいはサービスの品質が市場で咎められ，多大な損失を計上せざるを得ない事象を数多く我々は知っている。組織の活動の根幹にある品質が中心であって，それを環境，情報セキュリティ，労働安全衛生，食品安全，エネルギー管理，事業継続管理，道路交通安全管理，アセットマネジメントなどが補強する図式は事業全体を俯瞰できる者が言える事であろう。

さらに目を引くことにプロセスアプローチの解説がある。矢田さんはプロセスアプローチをなんと「総括業務手順運用」と看破しているのである。私はもう少し広い概念であると思っているが，一方で，現場視点で見るとけだし名言であると思う。「特定の製品あるいは特定のサービスをどのように準備し，どのように管理し，どのように顧客に届けるかが業務の中心であり，これがプロセスアプローチなのである」という解説は狭義ではあるが当を得た表現であろう。

加えて，事業プロセスに QMS 要求事項を統合するという要求についても新鮮な説明をしており，組織のみなさん，審査員の方に本書を推薦する次第である。

2016 年 1 月吉日

株式会社　テクノファ

取締役会長　平 林 良 人

ISO 9001：2015 解説書発刊にあたって

ISO 9001：2015 は画期的な規格であると言われて誕生した。

ISO/IEC（ISO：国際標準化機構。IEC：国際電気標準会議；両団体が規格制定の標準を統一している）は 2006 年から，すべてのマネジメントシステム規格（Management System Standard：MSS, 本文では MSS と呼称する）は，その構造，用語の定義及び文書は同じものにするという方針のもとに特別委員会を設立して検討を進めてきた。

これは，1987 年に MSS の第一弾である ISO 9001 が制定されてから急速な勢いで各種の MSS が制定され，そのできあがった規格は，同一の組織で，同一要員が使用するにもかかわらず，その構造，用語の定義及び文書は同じではない部分があるという状況が見られ，組織内に混乱を招くものになっていたのである。

実際には，組織がそれぞれの規格を活用する際に，構造，用語の定義及び文書は同じものでないといけないなどという要求事項があったわけでなく，後に，ISO 9001：2000 年版では，組織がそれぞれの規格を活用する際に，構造，用語の定義及び文書はその規格と同一にする必要はないという趣旨のことを示したにもかかわらず，大部分の組織では硬直的に用語を各 MSS に合わせてきたのである。

2012 年に，全ての MSS の構造，用語の定義及び文書は原則として統一すると決められたが，その際の組織の MSS においては，その構造，用語の定義及び文書をその規格と同一にする必要はないと明示したのである。その上で，これまでには MSS に明記されなかった組織の常識が多く MSS に取り込まれた。

筆者は長年にわたって組織で事業に携わってきたものであり，ISO 9001：2015 を見ると，まさに，組織の常識が多く取り入れられていると考えられるのである。しかしながら，そのことを新しい要求事項が入ってきたように考えて，難しく取り扱ってしまうとせっかく役に立つ要求事項を形におぼれたものにしてしまう危険があると懸念している。

今回の“現場視点で読み解く ISO 9001：2015 の実践的解釈”はその点を強調して解説を進めたつもりである。そのことが読者諸氏に伝われば幸いである。

最期に，本書の出版に際しては，（株）幸書房 夏野雅博代表社長に絶大なるご支援，ご尽力を賜わった。

また，平林良人（株）テクノファ取締役会長（ISO 9001 対応 WG 国内委員，ISO 9000 対応 WG 国内委員及び PC283（労働安全衛生マネジメントシステム）国際エキスパート）青木恒享（株）テクノファ代表取締役及び須田晋介（株）テクノファ取締役研修事業部長（ISO/TC176/

SC2/WG24　日本代表エキスパート，品質マネジメントシステム規格国内委員会委員，ISO 9001 対応 WG 国内委員，ISO 9000 対応 WG 国内委員）から貴重なアドバイスを頂戴いたしました。本書面にて心からお礼を申し上げます。

2016 年 1 月

湘南 ISO 情報センター　矢 田 富 雄

本書の構成と規格の表記などについて

[Ⅰ] 本書の構成について

本書では，最初に「緒言 1.」として 2008 年版からどう変わったのかという点と，「緒言 2.」で 2015 年版の特徴について触れている。

また，ISO 9001：2015 の「序文」の項の解説の後に，今回の国際規格における「附属書A」及び「附属書 B」を置いた。

実際の国際規格や JIS 規格では，「序文」と「附属書 A 及び附属書 B」と，分かれて記述されているのだが，例えば今回の国際規格の重要な考え方である“リスクの考え方”及び“他のマネジメントシステム規格との関係”は，「序文」及び「附属書 A」の両方に記述されている。こういうことでは読み進むのに不便を感じるところがあり，冒頭にまとめて置くことで，読者の便宜を図った構成とした。

なお，「品質マネジメントシステムー要求事項」からは，この国際規格と同じく“1”から始めている。

[Ⅱ] 規格の表記について

本書では，ISO 9001：2015 年版のことを和文で書くときは JIS Q 9001：2015 の和文の用語を使っている。“この規格”と書くときは基本的には JIS Q 9001:2015 の和文の用語を使っているということである。後で述べるが，JIS Q 9001：2015 の和文は，その内容は国際規格と全く同義と認められた“IDT”なのである。したがって，本書の中では ISO 9001：2015 と書くことがあってもその内容は JIS Q 9001：2015 の和文との差異はないと考えてよい。

その他の規格の表現であるが，“2008 年版”のように発行年数のみを表記するときは“その発行年数の ISO 9001”を示す。また，単に ISO 9001 と表現する時は，“一般的な ISO 9001”を示す。一方，他のマネジメントシステムを表現するとき，発行年数がない場合は，一般的なその規格を示し，“現 ISO 14001”のように“現”と表記したものは著述時における最新版のマネジメントシステムを示す。本書の要求事項の表題には JIS Q 9001：2015 と表現を加えるが，“ISO 9001：2015”も追記する。

[Ⅲ] 本文中の枠囲み表記について

本文中の枠囲み部分は「JIS Q 9001：2015（ISO 9001：2015）」の「品質マネジメントシステム―要求事項」に記載されている事項である。

[IV]　その他

1)　本文中の点線のアンダーラインを施してある参考事項は，対応する国際規格にはない事項である。

2)　この規格において“見出し”が記載されていない要求事項の項目がある。その箇所には著者の考えを（　）付きで記載してある。その見出しは，読者の理解の便宜を図るため付けたもので，規格の正規のものではない。

目　次

緒言 1. ISO 9001：2015 年版は 2008 年版とどう変わったのか

ISO 9001 は組織の事業そのものを規定する規格であり，マネジメントシステム（組織経営の仕組み：以下，マネジメントシステムと表記）の中心的役割をなすものである。この規格は組織存立の必須要素を規定している。したがって事業を推進する組織にとっては，認証を受けようが受けまいが，その内容を理解することは重要なことである。世界における全マネジメントシステムの認証取得件数のうち約 75% は ISO 9001 である。その最も重要なマネジメントシステムである ISO 9001 が改訂され，2015 年版となった。

今回の 2015 年版は 2008 年版とほとんど変わらないとか，経営者にとっては要求事項が厳しくなったとか，"リスク"（一般的に想定外の結果をリスクというが，この規格では望ましい方向に結果が表れた場合は"機会"といい，悪い方向に結果が表れた場合を"リスク"という。以下，機会あるいはリスクと表記）対応が求められているとか言われている。筆者は 40 年弱民間企業で業務に携わった経験をもつ ISO 9001 及び ISO 22000 の審査員であり，ISO 9001 初版の 1987 年版で審査員資格を取得し，以降，96 年版，2000 年版及び 2008 版と，20 年弱にわたり審査を続けてきた者である。その経験を活かして，今回の 2015 年版の解説をしてみたいと考えている。

今回の 2015 年版で，著者が最も強い印象を受けたのは，「**5　リーダーシップ**」の「**5.1　リーダーシップ及びコミットメント**」の中での「**5.1.1　一般 c)**」の要求事項である。

"c)　組織の事業プロセスへの品質マネジメントシステム要求事項の統合を確実にする。"

この要求事項はごくあたり前のことであり，こうでなければいけないのであるが，それをあえてトップマネジメントにリーダーシップとコミットメントとして要求したということは驚きである。ここで述べていることは，"組織の品質マネジメントシステムは，その会社の事業プロセス（業務手順。以下，プロセスという）と一致させなければならない"ということである。"そこまで書くのか"，"そんなことはあたり前だろう"と言いたくなるが，この要求事項に「2015 年版」の本気さを感じるのである。

実は，この"組織の品質マネジメントシステムは，その会社の事業プロセスと一致させなければならない"という国際標準化機構（ISO；以降 ISO と表記）の要求は 2000 年版に端を発している。その序文に次のような記述がある。

“品質マネジメントシステムを採用することは，組織による戦略上の決定とすべきである。組織における品質マネジメントシステムの設計及び実現は，変化するニーズ，固有の目標，提供する製品，用いられるプロセス，組織の規模及び構造によって影響を受ける。品質マネジメントシステムの構造の均一化又は文書の画一化が，この規格の意図ではない”

この考え方は ISO 9001：2008 に引き継がれ，2015 年版の序文にも引き継がれたのである。

組織におけるマネジメントシステムは ISO 9001 の要求事項と構造を合わせる必要はないし，用語もそのまま採用することを求めてはいない。すなわち，組織におけるマネジメントシステムは形を規格に合わせる必要はないのであって，要求事項の考え方が ISO 9001 の規格に適合している限りは“組織の事業プロセスを組織の品質マネジメントシステム要求事項とすればよい”と言っているのである。

しかしながら，実態は，組織の事業内容をそのまま品質マネジメントシステムの要求事項としている組織は少ない。現状では 20 ～ 30％程度しかないのである。そんな状態ではいつまでたっても ISO 9001 が組織の役に立たないという焦りが ISO にあり，2015 年版では前述の驚きの要求事項となったのであろう。

同様な要求事項が 2015 年版には多く見られる。それらの要求事項は組織としては，実務の中で推進されているが，マネジメントシステムの要求事項としては取り込まれていなかったと思われるものである。一例をあげると，「**4**」章に見られる「**組織の状況**」である。「**4.1**」節に“組織は，組織の目的及び戦略的な方向性に関連し，かつ，その品質マネジメントシステムの意図した結果を達する組織の能力に影響を与える外部及び内部の課題を明確にしなければならない。組織は，これらの外部及び内部の課題に関する情報を監視し，レビューしなければならない。”との要求事項がある。

組織が業務を推進していく際にはあたり前のことである。あたり前のことであるが，この要求事項は多くの組織で体系的に導入しているとは言えない状況にあった。そのような業務がなくては経営が成り立つはずがない。しかしながら，従来は規格として明確に要求されていなかった。ISO 9001 の規格制定者たちは，組織はそのような要求が背後にあることを知っているだろうから，実施してくれると考えていたのであろう。しかし今回は，その要求事項が正規なものとして登場したのである。

同様な要求事項は「**4.2**」節にもある。組織の能力に影響をあたえる利害関係者の要求事項を監視し，検討しなければならないというものである。組織を運営していくには当然の要求事項である。しかしながら，ISO 9001 では要求事項としては明確に求めてはいなかった。この要求事項も 2015 年版では正規なものとして登場した。この「**4.1**」節及び「**4.2**」節を受けて，「**6.1**」節で“リスク及び機会への取組み”が要求事項として設定された。組織の業務で明確にわかっているのは，過去を除けば今日，現在のみであり，将来のこと，その方向を想定しながら組織は運用を進めていたのである。これも正規なものとして登場した。

今回の 2015 年版は，2008 年版の序文に入っていたものを規格要求事項に取り込んだり，従来，要求事項では明確にしていないが，事業を行う組織ではあたり前に実施していたような業務を要求事項にしたのである。そのような観点からは，2015 年版と 2008 年版とは，その思想としては大きく変わっていないのである。しかしながら，非常に細やかな，親切な規格に生まれ変わったのが 2015 年版であると考えられる。ただ，一部に“リスク”とか“プロセスアプローチ”（総括業務手順の運用。以下，プロセスアプローチと表記）とか“パフォーマンス”（成果，あるいは測定可能な結果。以下，パフォーマンスと表記）など，理解しにくいカタカナがでてくるが，この後に平易に解説するつもりである。

したがって，新しい ISO 9001：2015 年版に取り組むには，肩肘を張らなくてよいのであって，現在，組織で実施している内容をそのまま組織のマネジメントシステムにすればよいのである。組織として必要性があれば，その 2015 年版の要求事項を組織の言葉で一つひとつ加えて実施し，必要がなければ“除外（実は除外という表現は 2015 年版にはないのであり，“適用不可能”という）”していけば素晴らしい組織の品質マネジメントシステムになると考えられる。これは，まさに“組織の事業プロセスへの品質マネジメントシステム要求事項の統合を確実にする”ものとなる。

幸いにして，要求事項の“適用不可能（除外）”は，2008 年版のように，7 章以外は適用できないという要求事項がなくなり，条件付きではあるが，すべての要求事項に適用できる大変柔軟なものになったのである。その条件とは“組織の製品及びサービスの適合並びに顧客満足の向上を確実にする組織の能力又は責任に影響を及ぼすことがない場合で，適用不可能であるその根拠が明確に説明できれば除外してよいとされた”のである。

ここで一言述べておきたいことがある。マネジメントシステムの認証の可否を判定するのは審査員の推薦を受けた認証機関である。その審査員が推薦の判定をする際の考え方である。明確に適否が理解できるものは問題がない。しかしながら，審査員が“否”であると考え，受審組織は“適”であると考えたときの扱いである。

食品業界の安全リスクの考え方であるが，ゼロリスクを求めないという世界的な合意がある。人に害を与えない程度の“危害要因（人に危害を与える恐れのある物質）”が残存していても，人に害を与える可能性がない程度の危害要因は“ゼロ”と判断されるのである。“許容水準”以下ともいう。

ISO の規格でも“組織の製品及びサービスの適合並びに顧客満足の向上を確実にする組織の能力又は責任に影響を及ぼさない程度の不適合はゼロに等しいのであって，ゼロに等しいものはゼロとしてよく，そのような場合は適合と判断してよいのである。ただ，そのことを“適”にすることがその組織に大きな損失を与えるとの確信があれば，審査員は組織を説得すべきである。審査は適合を見るのが目的である。不適合の摘出が目的ではない。組織をよくすることができる不適合があれば，組織のために摘出するのである。

組織が ISO 9001：2015 を採用する目的は，その認証を目指すためではない。“組織が顧客要求事項及び適用される法令・規制要求事項を満たした製品又はサービスを一貫して提供することにあり，顧客満足を向上させていくことにある”。組織の経営者は経営のプロであり，常に，自組織の発展を目指して，マネジメントシステムを運用していのである。その観点から ISO 9001：2015 を見れば，この規格は従来にもまして，世界優良企業が標準化している組織経営の仕組みをこれまで以上にきめ細かく示してくれている。役に立つところは大いに参考にして，必要のないところは除外してすっきりしたシステムを構築し，運用していけばよいのである。

筆者は，ISO 9001：2008 の解説本を出版している。その表題は『現場視点で読み解く ISO 9001：2008 の実践的解釈』である。この意図は，組織の品質マネジメントシステムが ISO 9001 の要求事項の考え方から外れていては ISO 9001 に適合しているとは認めてもらえない。しかしながら，その要求事項に適合さえしていれば，組織が最高の仕組みを作ろうが，必要最低限度の仕組みを作ろうが共に ISO 9001 に適合していると認めてもらえるのである。今回，ISO 9001：2015 の解説書を執筆するにあたって，随所に許される最低限度の解釈を示していきたいと考えた。しかしながら，この際，最高の仕組み作りを目指したい組織は，自らが確実に実行でき，役立つ範囲で適切な仕組みを構築していくことも望ましいことである。

緒言 2.　ISO 9001：2015 年版の特徴

1）ISO 9001：2015 における外来語とその理解

ここでは，ISO 9001：2015 の主要な要求事項の著者の考え方を述べてみたい。

「はじめに」において 2015 年版には理解しにくいカタカナがでてくると記述した。外来語をカタカナにしたものである。そのカタカナの意味を，日本の風土に合わせて述べてみたいと考えている。

ISO 9001 そのものは品質管理大国日本に対抗すべく，米国の軍事規格をベースにした欧米の工業規格を基にして作成した品質管理標準である。思想をベースにした日本の品質管理は文書とした手順はなく，日本国民は理解できても，あらゆる国民に理解されやすいものではない。したがって，文書化した品質管理標準はあらゆる国民に理解されやすいものであり，標準化されているだけに貿易の自由化にも役立つ。そのため，貿易立国を目指す日本でも ISO 9001 活用に参加せざるを得なくなり，その採用に踏み切った。

しかしながら，ISO 9001 は業務推進の手順であり，ISO における工業化製品の標準化のような数値化できるものでなく，その基礎には欧米の風土が流れており，その風土が異なる日本においてはなじまないものも多く，裏付けを示す日本語で表現しにくいのである。結局，英語をカタカナで表現して意味を理解して活用するしかなかったのであろう。ここでは，“カタカナ表現”に関する著者の理解内容を記してみたい。

まず“マネジメントシステム”であるが，これは経営者が制定した方針・目標を，どのようなやり方で達成するのか，誰が，どのような役割を分担して活動を行うのかなどの仕組みや決めごとを設定したものである。“組織経営の仕組み”と考えればよいと考えられる。これは製品を作るのであればその仕組みがあり，環境を管理するならばその仕組みがある。

トップマネジメントは経営者のことをいうのであるが，必ずしも一人である必要はなく，組織運営していく人たちの集まりをいうことが多く，経営者層と呼ばれている。リーダーシップといえばすべての階層のリーダーが従業員を目的達成に導いていく状況を作ることであり，日本語として取り入れられている状況にある。

一番，日本の風土になじまないものに，コミットメント及び説明責任（アカウンタビリティー）がある。ともに責任をとることに関して，主として個人を追及する場合に使われることが多く，日本ではなじみにくい。2000 年版及び 2008 年版において，品質マネジメントは組織環境によって影響を受けるとされていた。さらに，この規格においても組織の状況によって影響を受けると記述されている。したがって，日本においては，ISO 9001を展開していくときに責任をとる立場の人が約束に近い表現をした場合には，了解して審査を進めるしかないであろう。基本的には，組織の発展を願わない経営者はいないわけで，経営者の発言は，日本の風土の中でそのことを表現していると考えるべきである。

マネジメントシステムのなかで，具体的に「お菓子を作る」といえばその業務があり，その個々の業務を“プロセス”とよぶ。業務手順である。例えば，ビスケットを焼く業務は“焼成プロセス”という。これらの個々の“プロセス”がまとまって，顧客にビスケットを提供するという組織の目的の一つに関する大きな業務もプロセスと呼ぶ。このような関連するプロセスを運用して目的を達成することを，プロセスアプローチと呼ぶ。“総括業務手順の運用”といえるのではないかと考える。

このプロセスに関連して“インプット”及び“アウトプット”という外来語がある。“インプット”はプロセスに“投入される資源（原材料など）を表し，“アウトプット”はプロセスから出来上がる製品など成果物をいうが，この用語は日本語化されている。

マネジメントシステムやプロセスの成果を評価する言葉に“パフォーマンス”という言葉がある。パフォーマンスの一般的な意味は，日本語では“性能”“能力”“実績”“業績”“成果”“成績”“実行”“遂行”“演技”“演奏”“公演”“行動”などがある。この言葉をマネジメントシステムの中で使用するときは“実績”“業績”“成果”“成績”がふさわしく，“成果”が最もふさわしいであろう。マネジメントシステムでは数値評価を好むので，JIS Q 9000：2015では“測定可能な結果”と記している。したがって，“パフォーマンス”は“成果”あるいは“測定可能な結果”と理解すればよいであろう。

この規格に関しては，“リスクベースの思考”を取り上げている。この“リスク”はJIS Q 9000：2015では“不確かさの影響”として記している。著者は“想定外の結果”と表現している。この規格ではこのリスクを“機会”と“リスク”に分けて活用している。ともに“想定外の結果”であるが，“機会”とは，当初想定したより良い方向に結果が表れたことであり，“リスク”は当初想定したよりも悪い結果が表れたことである。この規格では“機会”あるいは“リスク”とそのまま活用しており，それでよいと考えられる。全体としては“想定外の結果”と理解するのがよいであろう。

2) 要求事項の細分化と2015年版の規格理解に役立つ「序文」及び「附属書A」

この規格の要求事項の記述は懇切丁寧である。そのことは「規格要求事項の内容」並びに「序文」及び「附属書A」にみられる。まず，「規格要求事項の内容」は品質目標に対する要求事項にみられる。2008年版では「5.4.1」項に3項目の要求事項があるのみであるが，この国際規格では「**6.2**」節に 15 項目の要求事項がある。

2008 年版では 3 項目しかなかったのに，この国際規格では 15 項目もあるのか，大変で嫌だなと思ってはいけない。2008 年版の 3 項目は必要最小限の内容しか記載されていないのであって，残りは自ら考えて追加しなければならないのである。一方，この国際規格の 15 項目は必要とされるものをチェックリスト方式で示してくれたのであり，漏れがなく必要な内容が網羅できるようになっている。この国際規格には「はじめに」で示したように“適用不可能”という要求事項がある。該当組織に必要なく，根拠が明確であれば，その要求事項は採用しなくてもよいことになっている。“適用不可能”なものはこの要求事項を活用するとよい。

次に，「**序文**」及び「**附属書 A 及び B**」である。これらはこの規格の主要要求事項の内容を解説しているものである。これらは大変有用なものであり，規格要求と併せて目を通すと規格の理解に役立つと思われる。しかしながら，「**序文**」は規格要求事項の前段に位置し，「**附属書 A**」及び「**附属書 B**」は規格要求事項の後段に位置している。そこで本書では「**附属書 A**」及び「**附属書 B**」を「**序文**」の次に並べてある。

主な内容は次のような項目からなっている。“品質マネジメントの原則”，“プロセスアプローチ”，“リスクに基づく考え方”，“PDCA サイクル”，“製品及びサービス”，“利害関係者のニーズと期待の理解”，“適用範囲”，“文書化した情報”，“組織の知識”，“外部から提供されるプロセス，製品及びサービスの管理”などである。

3） 組織の業務推進の中心をなす ISO 9001

ISO 9001 は組織の業務推進の中心となる規格であり，他のマネジメントシステムとの関連は次の図のようなものである。

ISO 9001 と他のマネジメントシステムとの関連

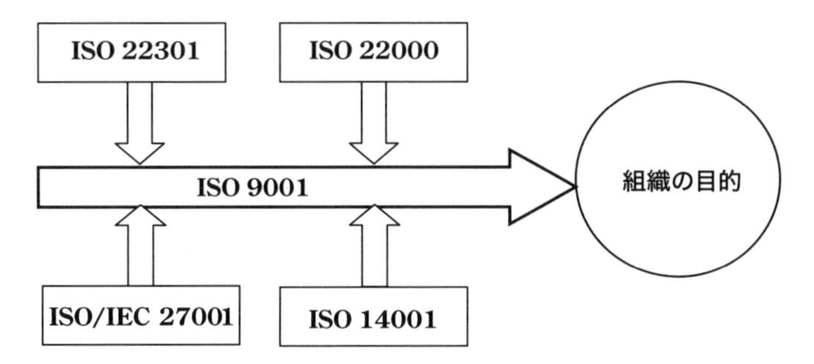

「食品業界を取り巻く国際規格の動向とその活用の考え方」矢田富雄（背骨肋骨説）
「食品産業新聞社創立 50 周年記念会誌（2001 年）」参照（一部手直し）

そもそも，マネジメントシステムの標準化は工業製品の標準化とは異なり，組織がその顧客に対して，望まれる製品及びサービスを提供する業務遂行の標準化である。したがって，この業務は ISO 9001 で達成できるものなのである。すなわち，ISO 9001 とは，組織経営の規格要求事項を標準化したものであり，事業を進めていくには，まず，ISO 9001 の手順が必要なのである。

しかしながら，事業を運営していくのに ISO 9001 のみでよいはずがない。製品やサービスを提供する過程では，例えば，社会環境に悪影響を及ぼす場合があり，組織経営としては，その悪影響を防いでいかなければ組織の存続が困難となる。このため生まれたのが ISO 14001 で，1996 年に規格化されたマネジメントシステムである。しかしながら，ISO 14001 は，基本的には組織を運用することを主目的にするものではなく，その組織の主たる業務である組織経営を円滑に進めていくための環境側面からの支援を行うものである。

近年は急速に情報社会となってきた。その情報は有用なものであるが，その漏えいは関係者に多大な迷惑をかけることになる。組織経営においては，この悪影響を防いでいかねばならない。この管理のために生まれてきたのが ISO/IEC 27001 である（IEC：国際電気標準会議。電気，電子，通信などの分野で規格などの標準化を推進する国際機関。ISO/IEC；ISO と IEC が共同で標準化した規格）。この規格も基本的には組織の運用を主目的にするものではなく，その業務の運用を円滑に進めていくために情報管理の側面から支援を行うものである。

同様な規格としては食品安全マネジメントシステムである ISO 22000 がある。また，社会セキュリティー事業継続マネジメントシステムである ISO 22301 などがある。これらも基本的には組織を運用することを主目的にするものではなく，その業務を円滑に進めていくために食品安全の側面から，あるいは事業継続の側面から，組織運用を支援していくものである。

したがって，事業を行う組織においては認証を取得しようがしまいが，まずは，ISO 9001 の考え方を理解したうえでマネジメントシステムに取り組むことが求められる。

4）　この規格はなぜ構成や用語が大きく変更されたのか

ISO は，貿易の自由化を目指して，主として工業製品の標準化を進めてきた。その団体が，組織における業務の標準化であるマネジメントシステム ISO 9001 を 1987 年に採用した。それから足かけ 30 年になる。この間に，次々とマネジメントシステムが生まれてきた。これらのマネジメントシステムはそれぞれ別々の専門委員会によって開発されたので，結果として，用語の定義や章の構成に共通性がない状態が続いてきた。

組織経営においては，これら複数のマネジメントシステムを同時に使う必要が生じてきたが，使う者は同じ従業員であるにもかかわらず，その用語が同義でありながら規格によって異なる表現が使われたり，類似の内容が書かれている章立てが別のところに出てくるなど，使いにくい状況になり，混乱を来していた。

実は，前述のように 2000 年版において“品質マネジメントシステムの構造の均一化または文書の画一化が，この規格の意図ではない”とされて，マネジメントシステムにおける用語や章立ては自由でよくなったのであり，組織が自由にしてよいと明示されたにもかかわらず，その考え方を積極的に取り入れることなく，組織が自分で自分の首を絞めていたのである。そこで，マネジメントシステムでは，必要なものを規格に取り入れないとだめだということになったのである。

このため，2006年から，マネジメントシステム規格の共通部分を統一していこうという動きが出てきて，2013年4月にAnnex SLが完成し，今後のマネジメントシステムの共通部分はその構成や用語を統一することになったのである。

ここで，Annex SLについて触れておく。Annex SLとは，ISO/IECでの規格作成の専門家に示された，守るべき規則の指示書の一つなのである。“Annex”とは“附属書”のことであり，SLとはその附属書の順番である。A番，B番，〜〜〜SA番，〜〜〜SK番などの番号があり，SL番目であることを示す記号である。

規格の構成は，次のように規定された。

“序文，1. 適用範囲，2. 引用規格，3. 用語及び定義，4. 組織の状況，5. リーダーシップ，6. 計画，7. 支援，8. 運用，9. パフォーマンスの評価，10. 改善”

これを上位構造という。全ての規格で同じ章立てとなった。また，8章を除く4章以降は共通文書が決められた。規格が異なっても，原則としては同一章立てで同一の文書となったのである。ただ，8章は各規格固有の要求事項になっている。

ISO 9001もその原則を採用することになり，この国際規格は2008版と比較して見かけの上では大きく異なるものになったのである。ただし，すでに述べたように，その思想としては大きく変わっておらず，組織のマネジメントシステムにおいてはISO規格に記述された用語や章立てには従わなくてはいけないという決まりは要求事項にはないとされている。

しかしながら，規格で統一された用語や章立てを，組織が自らのマネジメントシステムにおいて，規格ごとに別の用語や章立てを持ち込むことは適切とは言えない。Annex SLの思想に反するものである。ここで，2015年版と2008年版の章立てを以下に図示する。

表　ISO 9001：2015及びISO 9001：2008の要求項目対比表

項番	ISO 9001：2015	項番	ISO 9001：2008
1	適用範囲	1 1.1 1.2	適用範囲 一般 適用
4	組織の状況	4	品質マネジメントシステム
4.1	組織及びその状況の理解	4	品質マネジメントシステム
4.2	利害関係者のニーズ及び期待の理解	4	品質マネジメントシステム

4.3	品質マネジメントシステムの適用範囲の決定	1.2 4.2.2	適用 品質マニュアル
4.4	品質マネジメントシステム及びそのプロセス	4 4.1	品質マネジメントシステム 一般要求事項
5	リーダーシップ	5	経営者の責任
5.1	リーダーシップ及びコミットメント	5.1	経営者のコミットメント
5.1.1	一般	5.1	経営者のコミットメント
5.1.2	顧客重視	5.2	顧客重視
5.2	方針	5.3	品質方針
5.2.1	品質方針の確立	5.3	品質方針
5.2.2	品質方針の伝達	5.3	品質方針
5.3	組織の役割，責任及び権限	5.5.1 5.5.2 5.4.2	責任及び権限 管理責任者 品質マネジメントシステムの計画
6	計画	5.4.2	品質マネジメントシステムの計画
6.1	リスク及び機会への取組み	5.4.2 8.5.3	品質マネジメントシステムの計画 予防処置
6.2	品質目標及びそれを達成するための計画策定	5.4.1	品質目標
6.3	変更の計画	5.4.2	品質マネジメントシステムの計画
7	支援	6	資源の運用管理
7.1	資源	6	資源の運用管理
7.1.1	一般	6.1	資源の提供
7.1.2	人々	6.1	資源の提供
7.1.3	インフラストラクチャ	6.3	インフラストラクチャー
7.1.4	プロセスの運用に関する環境	6.4	作業環境
7.1.5	監視及び測定のための資源	7.6	監視機器及び測定機器の管理
7.1.5.1	一般	7.6	監視機器及び測定機器の管理
7.1.5.2	測定のトレーサビリティ	7.6	監視機器及び測定機器の管理
7.1.6	組織の知識	該当なし	該当条項なし
7.2	力量	6.2.1 6.2.2	一般 力量，教育・訓練及び認識
7.3	認識	6.2.2	力量，教育・訓練及び認識
7.4	コミュニケーション	5.5.3	内部コミュニケーション
7.5	文書化した情報	4.2	文書化に関する要求事項
7.5.1	一般	4.2.1	一般
7.5.2	作成及び更新	4.2.3 4.2.4	文書管理 記録の管理
7.5.3	文書化した情報の管理	4.2.3 4.2.4	文書管理 記録の管理
8	運用	7	製品実現

8.1	運用の計画及び管理	7.1	製品実現の計画
8.2	製品及びサービスに関する要求事項	7.2	顧客関連のプロセス
8.2.1	顧客とのコミュニケーション	7.2.3	顧客とのコミュニケーション
8.2.2	製品及びサービスに関する要求事項の明確化	7.2.1	製品に関連する要求事項の明確化
8.2.3	製品及びサービスに関する要求事項のレビュー	7.2.2	製品に関連する要求事項のレビュー
8.2.4	製品及びサービスに関する要求事項の変更	7.2.2	製品に関連する要求事項のレビュー
8.3	製品及びサービスの設計・開発	7.3	設計・開発
8.3.1	一般	7.3.1	設計・開発の計画
8.3.2	設計・開発の計画	7.3.1	設計・開発の計画
8.3.3	設計・開発へのインプット	7.3.2	設計・開発へのインプット
8.3.4	設計・開発の管理	7.3.4 7.3.5 7.3.6	設計・開発のレビュー 設計・開発の検証 設計・開発の妥当性確認
8.3.5	設計・開発からのアウトプット	7.3.3	設計・開発からのアウトプット
8.3.6	設計・開発の変更	7.3.7	設計・開発の変更管理
8.4	外部から提供されるプロセス，製品及びサービスの管理	4.1 7.4.1	一般要求事項 購買プロセス
8.4.1	一般	7.4.1	購買プロセス
8.4.2	管理の方式及び程度	7.4.1 7.4.3	購買プロセス 購買製品の検証
8.4.3	外部提供者に対する情報	7.4.2 7.4.3	購買情報 購買製品の検証
8.5	製造及びサービス提供	7.5	製造及びサービス提供
8.5.1	製造及びサービス提供の管理	7.5.1 7.5.2	製造及びサービス提供の管理 製造及びサービス提供に関するプロセスの妥当性確認
8.5.2	識別及びトレーサビリティ	7.5.3	識別及びトレーサビリティ
8.5.3	顧客又は外部提供者の所有物	7.5.4	顧客の所有物
8.5.4	保存	7.5.5	製品の保存
8.5.5	引渡し後の活動	7.5.1	製造及びサービス提供の管理
8.5.6	変更の管理	7.3.7	設計・開発の変更管理
8.6	製品及びサービスのリリース	7.4.3 8.2.4	購買製品の検証 製品の監視及び測定
8.7	不適合なアウトプットの管理	8.3	不適合製品の管理
9	パフォーマンス評価	8	測定，分析及び改善
9.1	監視，測定，分析及び評価	8	測定，分析及び改善
9.1.1	一般	8.1 8.2.3	一般 プロセスの監視及び測定
9.1.2	顧客満足	8.2.1	顧客満足

9.1.3	分析及び評価	8.4	データの分析
9.2	内部監査	8.2.2	内部監査
9.3	マネジメントレビュー	5.6	マネジメントレビュー
9.3.1	一般	5.6.1	一般
9.3.2	マネジメントレビューへのインプット	5.6.2	マネジメントレビューへのインプット
9.3.3	マネジメントレビューからのアウトプット	5.6.3	マネジメントレビューからのアウトプット
10	改善	8.5	改善
10.1	一般	8.5.1	継続的改善
10.2	不適合及び是正処置	8.3 8.5.2	不適合製品の管理 是正処置
10.3	継続的改善	8.5.1 8.5.3	継続的改善 予防処置

www.iso.org/tc176/sc02/public より転載：和文化は JIS-Q-9001 に従った。

5）リスクベースの思考をどう考えるか

この規格に関しては，“リスクベースの思考”を大きく取り上げている。リスクとは，ISO 9000 の用語の定義によれば，“不確かさの影響”とされており，その「注記 1」によれば，“影響とは期待されていることから，好ましい方向又は好ましくない方向に向かってかい（乖）離することをいう”とされている。事業を始めるにあたって，想定した結果が期待した，あるいは想定した範囲を外れることをいう。“想定限界（±〜〜〜）”を外れることという考え方である。

この“リスクベースの思考”は，特に事業に取り組むマネジメントシステムである ISO 9001 に関しては，大きく二つに分けて考えると理解しやすいと，筆者は考えている。現 ISO 22000 には，“緊急事態に対する備え及び対応”という要求事項がある。これはまさにリスクへの備えと対応を要求しているものである。ISO 9001 にも，当然のことながら，この“緊急事態に対する備え及び対応”が，“リスクベースの思考”に入っている。“不意を打たれても慌てるな”というタイプのリスクである。

地震が起きて生産ができなくなるとか，突然の事業所での火災発生とか，台風の来襲とか水害など主に自然災害によるリスクである。もちろん重大な“リスク”であり，緊急事態に対する備えが求められる。しかしながら，これは“社会セキュリティー事業継続マネジメントシステムの ISO 22301”のテーマであり，ISO 9001 の中で考えることは望ましいことであり，組織経営としては大切なことであるが，別途，検討すべきリスク思考のテーマとして検討を進めればよいのである。

事業推進を中心におく ISO 9001 には，もう一つのリスクがある。ISO 9001 の事業は全てがそうだとは言わないが，基本的には将来の発展を目指しているのであり，このような組織には別のタイプのリスクがある。先に記述された“機会”を目指すことによるリスクである。積極的にリスクを恐れず，資源を投入して新事業・新製品に取り組んだ結果，期待通りに進捗せず，大きな損害を被るといったリスクである。じつは，このリスクに対しても，事前に十分熟慮して想定し，被る損害で組織を潰すことのない資源の備えの範囲で“機会”を目指さなければいけないのである。その新事業・新製品の推進状況をPDCAで判断しながら，状況によってはその事業を打ち切る決断も必要であり，これもリスク管理の一つなのである。ISO 9001におけるリスクは，この種のリスクである。

ISO 9001の場合は，リスクの考え方をこの二つにわけて考えると整理しやすいが，主として後者の考え方を中心として述べている場合が多い。

この国際規格でのリスク管理の基本はシンプルであって，日々，「リスクを認識して対処する」，これだけである。組織運営の中では，リスクそのものは無数にあるが，その中から組織にとって重要なものは何か，守るべきものは何かを，その組織ごとに考えて対応すればよいのである。

後で述べるが，日本には，プロセスの表現型でもある「QC（品質管理：以下，QC）工程表」がある。これは，実は，過去の知識を取り入れた「リスク管理の表現表」でもある。過去に経験したリスクを「QC工程表」に示して，一定の許容範囲で管理されるように手を打っていればよいのである。この規格におけるリスクベースの考え方は，このQC工程表の管理に基づくものでよいと考えられる。これはまさに“想定限界”での管理である。

6)　プロセスアプローチをどう考えるか

この規格においても，プロセスアプローチが強調されている。組織経営の標準化であるISO 9001にとっては当然のことである。

プロセスの考え方は，94年版（1994年版）から登場している。「プロセス」とは日本語で書けば「業務手順」のことである。原材料があり，器機があり，料理人が手順に沿って調理をし，料理が出来上がることである。このプロセスアプローチは20年を超えて活用されながら，現段階でも，「プロセスアプローチ」とカタカナで書かれると難しさを感じてしまう。このプロセスアプローチに関しては，ISO 9001：2015の「序文」に記述されているが，どうも堅苦しい説明となっている。規格要求事項は極力，日本語で記述したいものである。規格の中心的な使用者は審査員ではない。基本は日本の組織の人たちである。難しいものもあるが，本書では難しい言葉をわかりやすくすることに努力をしているのである。

実は，顧客に製品やサービスを適切に提供できている組織には，文書化された標準があるかないかは別にして，顧客に製品やサービスを適切に提供する手順ができている。“顧客の求める特定の製品及び特定のサービスをどのように準備し，どのように管理し，どのように顧客に届けるかの手順そのものを無駄なく進めることがプロセスアプローチである”と理解すれば，ごくあたり前にプロセスアプローチが理解できるのであり，該当する組織の，適切な組織経営の仕組みなのである。先に，プロセスアプローチを“総括業務手順の運用”のことと記述した。

日本には“流れ図（フローダイアグラム）（後出の図 4.4.1–1 参照）”と“QC 工程表（後出の表 4.4.1–1 参照）”というプロセスアプローチの表現型がある。フローダイアグラムは“プロセスアプローチ”の全体像を示したものであるが，この流れ図には管理手法は見られない。QC 工程表は流れ図（フローダイアグラム）も含めて，管理手法を中心とした“プロセスアプローチ”の全体像が書かれたものである。

プロセスアプローチを，流れ図（フローダイアグラム）と QC 工程表であると考えた時，日本では容易にプロセスアプローチが理解できるのではないだろうか。ここで述べておきたいのは，この国際規格では，組織の目的は顧客に製品及びサービスを提供することであるため，いわゆる“製品”には“QC 工程表”が馴染むが，“サービス”に関しては“QC 工程表”は馴染まないのではないかとの懸念を抱く方もあるのではないかと考えられる。

しかしながら，それは当たらない。“QC 工程表”は数値が羅列されるものと考える必要はないし，業務の順序が記述されたものであり，この表を見ながら仕事をするものでもない。業務の基本が書かれた教育資料と考えてもよいのである。もし，そのサービスに対して，該当する“QC 工程表”が適切でないことを経験したら，改善をすればよいのである。「**7.1.6 組織の知識**」の一つと考えてとりあげていけばよい。

ISO 9001：2015「序文」の解説

0.1　一般

0.1　一般

品質マネジメントシステムの採用は，パフォーマンス全体を改善し，持続可能な発展への取組みのための安定した基盤を提供するのに役立ち得る，組織の戦略上の決定である。

組織は，この規格に基づいて品質マネジメントシステムを実施することで，次のような便益を得る可能性がある。

a) 顧客要求事項及び適用される法令・規制要求事項を満たした製品及びサービスを一貫して提供できる。

b) 顧客満足を向上させる機会を増やす。

c) 組織の状況及び目標に関連したリスク及び機会に取り組む。

d) 規定された品質マネジメントシステム要求事項への適合を実証できる。

内部及び外部の関係者がこの規格を使用することができる。

[解　　説]

品質マネジメントシステムであるISO 9001は，全ての組織の役割である“顧客要求事項及び適用される法令・規制要求事項を満たした製品及びサービスを一貫して提供する”ものである。この目的のために構築されたISO 9001：2015を採用することにより，組織の成果（パフォーマンス）全体をより改善でき，そのことによって，組織の持続的発展により役立つことが期待できる。この国際規格は，今回の改定により次の内容が更に向上されている。

a) 顧客要求事項や法令規制要求事項により漏れのない製品やサービスが提供できる。

b) これまで以上に顧客満足を向上させることができる。

c) リスクの考え方を取り入れることで，組織の発展に対してより大胆な手を打てるようになる。

d) 客観的な証拠をもって品質マネジメントシステムへの適合を示すことができる。

この規格は次のように活用できる。組織の内部での組織運営のために，また利害関係者への組織の品質保証能力証明の手段として，あるいは利害関係者による対象組織の審査においても活用できるものである。すなわち，その適用に関して制約はない。

> この規格は，次の事項の必要性を示すことを意図したものではない。
> — 様々な品質マネジメントシステムの構造を画一化する。
> — 文書類をこの国際規格の箇条の構造と一致させる。
> — この国際規格の特定の用語を組織内で使用する。

［解　　説］

今回の改定は外見からすると大幅な改定に見える。例えば，この規格，ISO 14001 あるいは ISO/IEC 27001 など主要な規格は 8 章を除いて，章立て及び記載内容を標準化し，用語及び定義が統一された。今後，制定あるいは改定される規格は，基本的にはこの考え方で統一されることになったのである。

しかしながら前述したように，組織が構築する品質マネジメントシステムにおいては，“構造の画一化”，“文書類の規格との一致”あるいは“規格で使用する用語と組織での用語との一致”を意図していないとされており，組織の品質マネジメントシステムがこの規格の要求事項の考え方と一致する限りは，どのような構造にしても，どのような用語を使用しても，それは組織に任されているのである。このことは，他の規格にも共通する考え方である。

> この規格で規定する品質マネジメントシステム要求事項は，製品及びサービスに関する要求事項を補完するものである。
>
> この規格は，Plan-Do-Check-Act（PDCA）サイクル及びリスクに基づく考え方を組み込んだ，プロセスアプローチを用いている。
>
> 組織は，プロセスアプローチによって，組織のプロセス及びそれらの相互作用を計画することができる。
>
> 組織は，PDCA サイクルによって，組織のプロセスに適切な資源を与え，マネジメントすることを確実にし，かつ，改善の機会を明確にし，取り組むことを確実にすることができる。
>
> 組織は，リスクに基づく考え方によって，自らのプロセス及び品質マネジメントシステムが，計画した結果からかい（乖）離することを引き起こす可能性のある要因を明確にすることができ，また，好ましくない影響を最小限に抑えるための予防的管理を実施することができ，更に機会が生じたときにそれを最大限に利用することができる（**A.4** 参照）。
>
> ますます動的で複雑になる環境において，一貫して要求事項を満たし，将来のニーズ及び期待に取り組むことは，組織にとって容易ではない。組織は，この目標を達成するために，修正及び継続的改善に加えて，飛躍的な変化，革新，組織再編など様々な改善の形を採用する必要があることを見出すであろう。

[解　　説]

ここでは，この規格の特徴的な要求事項が並べられている。詳細は，この**序文**の後段及び**附属書 A（参考）**に記述されている。なお，**附属書 A（参考）**は，この国際規格では，規格本文の次に記載されているが，本書では序文に引き続き解説している。

なお，ここでは「マネジメント（する）」という用語が出てくるが，“組織を指揮し，管理する”ことを意味する。以下，特徴的な要求事項を解説してみる。

この規格で規定する品質マネジメントシステム要求事項は，製品及びサービスに関する要求事項を補完するものである。

この規格で規定する品質マネジメントシステム要求事項は，製品及びサービスの品質に関する要求事項を規定しているのではなく，製品及びサービスに関する品質要求事項を作り込む仕組みについて述べているのである。

この規格は，Plan-Do-Check-Act（PDCA）サイクル及びリスクに基づく考え方を組み込んだ，プロセスアプローチを用いている。

この規格では，プロセスアプローチを採用している。

ISO 9001 は“顧客要求事項及び適用される法令・規制要求事項を満たした製品及びサービスを一貫して提供する”ことを目的としている。そのために，普通に事業に取り組んでいる組織には製品及びサービスを提供するための手順があるはずである。この手順は文書化されていないかもしれない。しかしながら，その手順に基づいて業務が行われているはずである。

実は，プロセスとは業務手順のことである。この手順に基づいて一連の業務を行うということが，プロセスアプローチなのである。業務にはいろいろな大きさのものがある。原材料（インプット）に人が手を加え，中間製品（アウトプット）が出来上がる業務は小さなプロセスである。これらの業務を繰り返していくと製品及びサービスが出来上がり，顧客に届けることができるようになる。このプロセスは大きなものである。この業務には製品製造の基準があるであろう。その基準通りに作られれば，顧客が要求する製品及びサービスができるのである。

しかしながら，何らかの失敗があり，基準通りのものができないこともある。そのために業務で PDCA（Plan-Do-Check-Act；計画を立て，業務を実施し，その結果を監視し，期待通りのものができなかった場合はその手法を改善処置する）サイクルを繰り返してチェックし，管理し，改善しなければならないのである。このように，“神でない，人が作った業務”であるプロセスアプローチには，何らかの想定外のことが発生する場合もある。すなわち，リスク（想定外のこと）が発生することがある。そのため，プロセスアプローチには PDCA サイクルを回していくことが必須なのである。

> 組織は，プロセスアプローチによって，組織のプロセス及びそれらの相互作用を計画することができる。

プロセスアプローチで業務を運用していくためには，組織は業務の相互関係を把握する必要があり，その相互関係を明確にして，その相互関係に基づいて業務を進めていけば効率的な業務ができる。実は，業務の相互関係を明確にするには，前述したが，品質管理手法である流れ図（フローダイアグラム）を活用するとよい。この規格「**4.4**」節の解説で事例を示している。

> 組織は，PDCA サイクルによって，組織のプロセスに適切な資源を与え，マネジメントすることを確実にし，かつ，改善の機会を明確にし，取り組むことを確実にすることができる。

流れ図（フローダイアグラム）でプロセス（業務手順）の相互関係が明確に把握できたら，次は，個々の業務を管理しなければならない。すなわち，顧客が要求する製品やサービスを提供できる管理基準を明確にして，その基準をもとに管理するのである。これは PDCA サイクルで管理し，基準に外れたら，プロセスに必要な資源を与えて改善しなければならないのである。その際の，管理のための手段には QC 工程表を活用すると便利である。この規格の「**4.4**」節の解説で事例を示している。

> 組織は，リスクに基づく考え方によって，自身のプロセス及び品質マネジメントシステムで，計画した結果からかい（乖）離することを引き起こす可能性のある要因を明確にすることができ，また，好ましくない影響を最小限に抑えるための予防的管理を実施することができ，更に機会が生じたときにそれを最大限に利用することができる（**A.4** 参照）。

プロセス（業務手順）を運用する際に管理基準を明確にすると記述したが，いつも基準に適合するとは限らない。好ましい側に基準が外れる場合と，好ましくない側に基準が外れる場合がある。好ましい方に基準を外れる場合は望ましいことであり，これを“機会”という。一方，好ましくない方に基準を外れる場合もあり，望ましくないことであり，これを“リスク”という。実際は，好ましい方に基準を外れる場合も，好ましくない方に基準が外れる場合もともに“リスク”と呼ぶのであるが，この規格では好ましい方に基準を外れる場合は“機会”と呼んでいる。

> ますます動的で複雑になる環境において，一貫して要求事項を満たし，将来のニーズ及び期待に取り組むことは，組織にとって容易ではない。組織は，この目標を達成するために，修正及び継続的改善に加えて，飛躍的な変化，革新，組織再編など様々な改善の形を採用する必要があることを見出すであろう。

組織経営においては，実は，わかっていることは，今日，現在のことのみであり，将来のことはわからないのである。この，先の見えない環境の中で組織の目標を達成するために，挑戦を繰り返していくのである。そのためには，管理基準を設けて，その範囲で基準値が推移しているときはそのまま運用を続け，望ましい方向に限界を外れることは好ましいことであり，さらに，望ましい方向に進むように導くとよいのである。望ましくない方向に管理基準を外れたら，資源を投じて改善に導く努力をするか，あるいは，その目標は打ち切るという判断を下すことも必要な場合がある。

この規格では，次のような表現形式を用いている。

— “～しなければならない”(shall）は，要求事項を示し，
— “～することが望ましい”(should）は，推奨を示し，
— “～してもよい”(may）は，許容を示し，
— “～することができる”，“～できる”，“～し得る”など（can）は，可能性又は実現能力を示す。

“注記”に記載されている情報は，関連する要求事項の内容を理解するための，又は明解にするための手引である。

［解　　説］

ここでは，この規格で表現形式の意味，及び“注記”の意図が述べられている。

0.2　品質マネジメントの原則

0.2　品質マネジメントの原則

この規格は，**JIS Q 9000** に規定されている品質マネジメントの原則に基づいている。この規定には，それぞれの原則の説明，組織にとって原則が重要であることの根拠，原則に関連する便益の例，及び原則を適用するときに組織のパフォーマンスを改善するための典型的な取組みの例が含まれている。

品質マネジメントの原則とは，次の事項をいう。

— 顧客重視
— リーダーシップ
— 人々の積極的参加
— プロセスアプローチ
— 改善
— 客観的事実に基づく意思決定
— 関係性管理

［解　説］

品質マネジメントシステムの原則はISO 9000：2000年版から登場した。この原則は2005年版を経て，2015年版にも引き継がれた。しかしながら，2000年版及び2005年版では8原則であったものが，2015年版では7原則となった。これは，従来は“マネジメントシステムへのシステムアプローチ”という原則があったが，その原則は2015年版においては“プロセスアプローチ”に合体されたのである。

次の表に，2005年版と2015年版との品質マネジメントの原則の内容の比較を示した。

品質マネジメントの原則：2005年版と2015年版の比較

2005年版の表題	2015年版の表題	2015年版における品質マネジメントの原則の説明
顧客重視	顧客重視	品質マネジメントの主眼は，顧客の要求事項を満たすこと及び顧客の期待を超える努力をすることにある。
リーダーシップ	リーダーシップ	全ての階層のリーダーは，目的及び目指す方向を一致させ，人々が組織の品質目標の達成に積極的に参加している状況を作り出す。
人々の参画	人々の積極的参加	組織内の全ての階層にいる，力量があり，権限を与えられ，積極的に参加する人々が，価値を創造し提供する組織の実現能力を強化するために必須である。
プロセスアプローチ	プロセスアプローチ	活動を，首尾一貫したシステムとして機能する相互に関連するプロセスであると理解し，マネジメントすることによって，矛盾のない予測可能な結果が，より効果的かつ効率的に達成できる。
マネジメントシステムへのシステムアプローチ		
継続的改善	改　善	成功する組織は，改善に対して，継続して焦点を当てている。
意思決定への事実に基づくアプローチ	客観的事実に基づく意思決定	データ及び情報の分析及び評価に基づく意思決定によって，望む結果が得られる可能性が高まる。
供給者との互恵関係	関係性管理	持続的成功のために，組織は，例えば提供者のような利害関係者との関係をマネジメントする。

ISO 9000における品質マネジメントの原則の説明が，2015年版においては懇切丁寧なものになっている。これは，ISO 9000を利用する顧客にとっては大変ありがたいことであり，顧客満足につながる。

このことは，この規格でも言えることであり，要求事項の内容が詳細にわたって記述されているのである。たとえば，本解説書の“はじめに”に記述した“品質目標”の要求事項が，2008年版の「5.4.1　品質目標」では3項目の要求事項が書かれているのみであるが，2015年版の「**6.2　品質目標及びそれを達成するための計画策定**」では15項目の要求項目がみられる。2015年版では，全ての内容で根拠が明確であれば除外できるので，詳細の要求事項を記述していただければ作成者の意図がよく理解できて，好ましいことである。

ここで，品質マネジメント原則の説明内容として，“プロセスアプローチ”を例にして，示してみる。

2005 年版及び 2015 年版の品質マネジメント原則説明内容比較

<2005 年版：プロセスアプローチ > 説明内容
＊活動及び関連する資源が一つの活動として運営管理されるとき，望まれる結果がより効率よく達成される。

<2015 年版：プロセスアプローチ > 説明内容
＊説明
活動を，首尾一貫したシステムとして機能する相互に関連するプロセスであると理解し，マネジメントすることによって，矛盾のない予測可能な結果が，より効果的かつ効率的に達成できる。
＊根拠
QMS は，相互に関連するプロセスで構成される。このシステムによって結果がどのように生み出されるかを理解することで，組織は，システム及びそのパフォーマンスを最適化できる。
＊主な便益
あり得る主な便益を次に示す。
－主要なプロセス及び改善のための機会に注力する能力の向上
－密接に関連付けられたプロセスから構成されるシステムを通して得られる矛盾のない，予測可能な成果
－効果的なプロセスのマネジメント，資源の効率的な利用，及び機能間の障壁の低減を通して得られるパフォーマンスの最適化
－組織に整合性があり，有効でかつ効率的であることに関して利害関係者に信頼感を与えることができるようになる。
＊取り得る行動
取り得る行動を，次に示す。
－システムの目標，及びそれらを達成するために必要なプロセスを定める。
－プロセスをマネジメントするための権限，責任及び説明責任を確立する。
－組織の実現能力を理解し，実行前に資源の制約を明確にする。
－プロセスの相互依存関係を明確にし，システム全体で個々のプロセスへの変更の影響を分析する。
－組織の品質目標を効果的及び効率的に達成するために，プロセス及びその相互関係をシステムとしてマネジメントする。
－プロセスを運用し，改善するとともに，システム全体のパフォーマンスを監視し，分析し，評価するために必要な情報が利用できる状態にあることを確実にする。
－プロセスのアウトプット及び QMS の全体的な成果に影響を与え得るリスクを管理する。

0.3　プロセスアプローチ

0.3　プロセスアプローチ

0.3.1　一般

この規格は，顧客要求事項を満たすことによって顧客満足を向上させるために，品質マネジメントシステムを構築し，実施し，その品質マネジメントシステムの有効性を改善する際に，プロセスアプローチを採用することを促進する。プロセスアプローチの採用に不可欠と考えられる特定の要求事項を **4.4** に規定している。

システムとして相互に関連するプロセスを理解し，マネジメントすることは，組織が効果的かつ効率的に意図した結果を達成する上で役立つ。組織は，このアプローチによって，システムのプロセス間の相互関係及び相互依存性を管理することができ，それによって，組織の全体的なパフォーマンスを向上させることができる。

プロセスアプローチは，組織の品質方針及び戦略的な方向性に従って意図した結果を達成するために，プロセス及びその相互作用を体系的に定義し，マネジメントすることに関わる。PDCA サイクル（**0.3.2** 参照）を，機会の利用及び望ましくない結果の防止を目指すリスクに基づく考え方（**0.3.3** 参照）に全体的な焦点を当てて用いることで，プロセス及びシステム全体をマネジメントすることができる。

品質マネジメントシステムでプロセスアプローチを適用すると，次の事項が可能になる。

a) 要求事項の理解及びその一貫した充足

b) 付加価値の点からの，プロセスの検討

c) 効果的なプロセスパフォーマンスの達成

d) データ及び情報の評価に基づく，プロセスの改善

図 1 は，プロセスを図示し，その要素の相互作用を示したものである。管理のために必要な，監視及び測定のチェックポイントは，各プロセスに固有なものであり，関係するリスクによって異なる。

［解　説］

この規格の目的は，前述したように“顧客要求事項及び適用される法令・規制要求事項を満たした製品及びサービスを一貫して提供する”ためのものである。組織全体として，この方向に向かうのである。この目的を達成するには様々な“業務”があり，この組織が行う“業務手順”全てが，顧客が満足する製品及びサービスの提供に向かっていなくてはならない。この規格では“業務手順”を「プロセス」という用語を使用している。かつ，関連する業務手順を効率的につなぎ合わせて業務を無駄なく進めることを“プロセスアプローチ”という用語を使っている。

ISO 9000 の品質マネジメントの原則によると，“活動を，首尾一貫したシステムとして機能する相互に関連するプロセスであると理解し，マネジメント（組織を指揮し，管理）することによって，矛盾のない予測可能な結果が，より効果的かつ効率的に達成できる”ことが“プロセスアプローチ”であると述べている。

この規格は，顧客要求事項を満たすことによって顧客満足を向上させるために，品質マネジメントシステムを構築し，実施し，その品質マネジメントシステムの有効性を改善する際に，プロセスアプローチを採用することを促進する。プロセスアプローチの採用に不可欠と考えられる特定の要求事項を **4.4** に規定している。

プロセスアプローチに関する不可欠な要求事項を「**4.4**」節に規定していると記述されているが，前述の解説で，プロセスのことを“業務手順”と日本語で示した。プロセスアプローチは，業務手順の相互関係を理解することが大切であるとされている。

本書には，「**4.4**」節にプロセスアプローチの仕組みの構築に関して日本でよく活用される品質管理の手法である“流れ図（フローダイアグラム）”と“QC 工程表”を示している。

> システムとして相互に関連するプロセスを理解し，マネジメントすることは，組織が効果的かつ効率的に意図した結果を達成する上で役立つ。組織は，このアプローチによって，システムのプロセス間の相互関係及び相互依存性を管理することができ，それによって，組織の全体的なパフォーマンスを向上させることができる。

組織の全体的なパフォーマンス（成果）を向上させるには，組織に関する業務の相互依存関係を把握して管理することが大切であると記述しているが，前述の“流れ図（フローダイアグラム）”で組織の業務手順の相互依存関係を把握できるのであり，その“流れ図（フローダイアグラム）”をもとに“QC 工程表”をまとめ，管理すれば，目的が達成できるはずである。

> プロセスアプローチは，組織の品質方針及び戦略的な方向性に従って意図した結果を達成するために，プロセス及びその相互作用を体系的に定義し，マネジメントすることに関わる。PDCA サイクル（**0.3.2** 参照）を，機会の利用及び望ましくない結果の防止を目指すリスクに基づく考え方（**0.3.3** 参照）に全体的な焦点を当てて用いることで，プロセス及びシステム全体をマネジメントすることができる。

プロセスアプローチは，組織の目的である“顧客要求事項及び適用される法令・規制要求事項を満たした製品及びサービスを一貫して提供する”ことを“業務手順（プロセス）”の相互関係を“流れ図（フローダイアグラム）”で把握し，“QC 工程表”で“業務（プロセス）”を管理していくのであるが，例えば，挑戦的な目標を導入した場合は，許容限界どおりにいかないことがある。一方，場合によっては，管理限界の上限を超えた成果が得られるかもしれないし，あるいは，管理限界の下限に達しないかもしれない。前者は望ましいことであり，“機会”といって大変うれしいことであるが，後者は残念なことで，“リスク（実際は，両方ともリスクというのであるが，機会という言葉も使う）”である。このような管理限界の管理は，PDCA サイクルを活用して行う。

このように，プロセスアプローチには“リスクの考え方”と“PDCA の手法”がセットとなって管理（マネジメント）が行われる。

> 品質マネジメントシステムでプロセスアプローチを適用すると，次の事項が可能になる。
>
> **a)**　要求事項の理解及びその一貫した充足
>
> **b)**　付加価値の点からの，プロセスの検討
>
> **c)**　効果的なプロセスパフォーマンスの達成
>
> **d)**　データ及び情報の評価に基づく，プロセスの改善
>
> **図 1** は，プロセスを図示し，その要素の相互作用を示したものである。管理のために必

要な，監視及び測定のチェックポイントは，各プロセスに固有なものであり，関係するリスクによって異なる。

プロセスアプローチ適用の利点を記述している。

a)　要求事項が理解でき，漏れのない対応ができる；流れ図（フローダイアグラム）とQC工程表を活用することで漏れのない管理ができるようになる。

b)　プロセス（業務手順）の重要さが理解できるようになり，管理の重点化が可能になる；QC工程表を活用することで，どこを重点的に管理する必要があるかが理解できる。

c)　全体として成果に貢献するプロセスが理解でき，成果を大きくすることができる；QC工程表で管理すると，どこが大きな成果につながるかがわかるようになる。

d)　データや情報の評価に基づいてプロセスの改善ができるようになる；QC工程表のデータや情報を評価することで管理の重要箇所がわかり，改善点がわかるようになる。

図1の内容に関する説明がなされており，この図は例題であり，監視，測定のチェックポイントはリスクの状況によって異なると述べている。

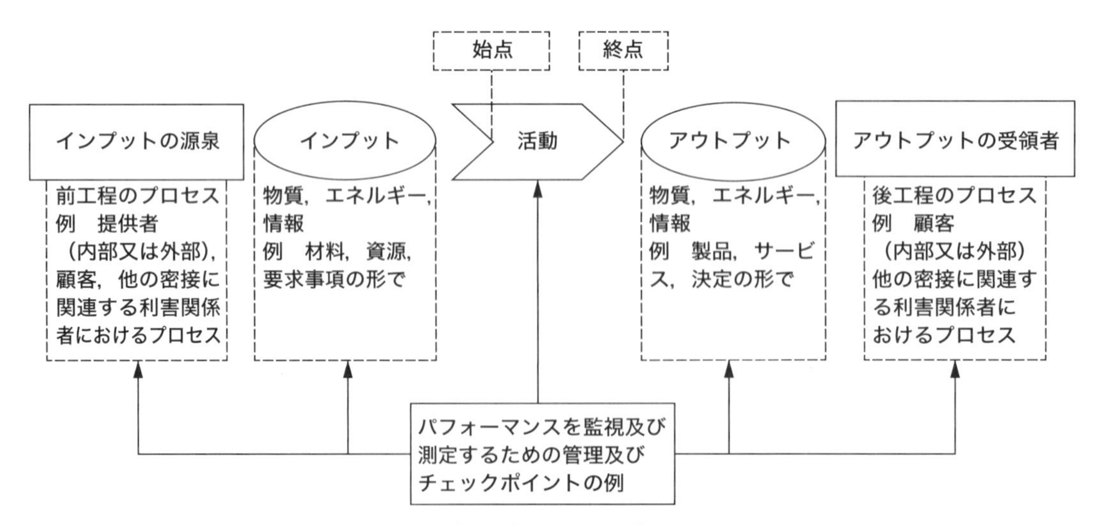

図1　単一プロセスの要素の図示

（JIS Q 9001：2015より転載）

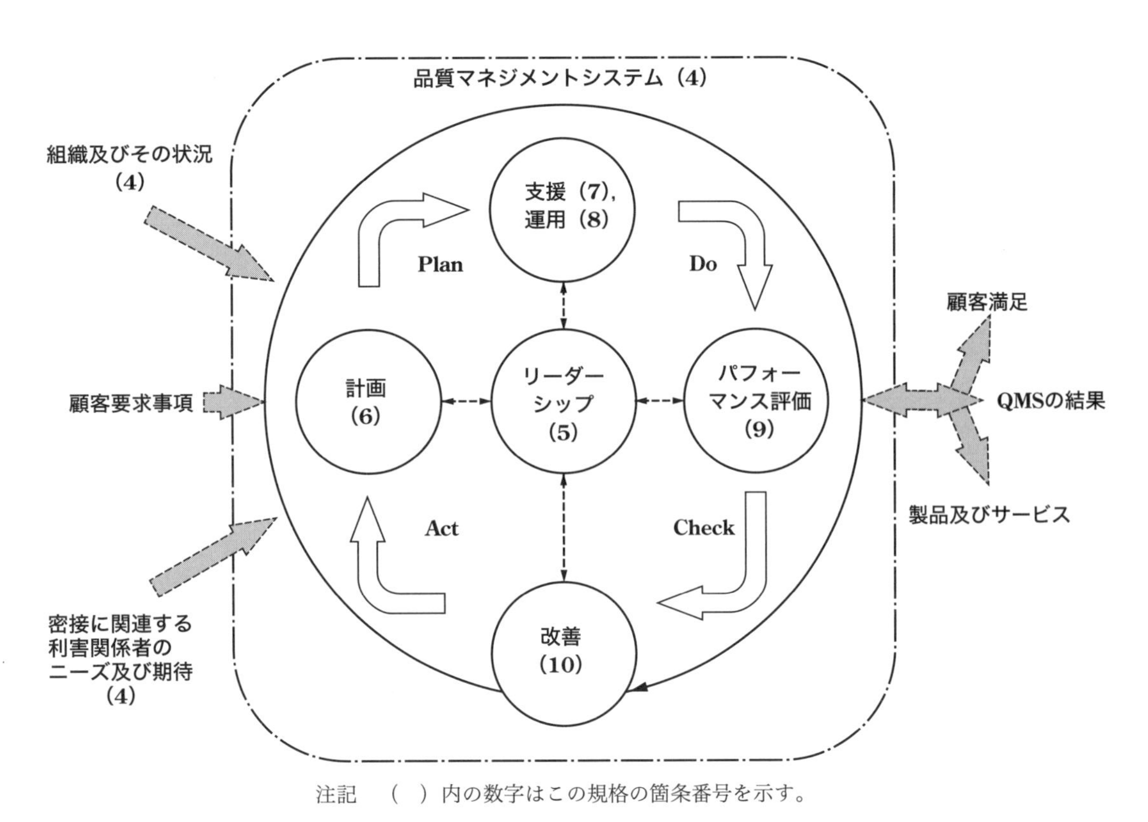

注記　（　）内の数字はこの規格の箇条番号を示す。

図 2　PDCA サイクルを使った，この規格の構造の説明
（JIS Q 9001：2015 より転載）

0.3.2　PDCA サイクル

PDCA サイクルは，あらゆるプロセス及び品質マネジメントシステム全体に適用できる。**図 2** は，箇条 **4** ～箇条 **10** を PDCA サイクルとの関係でどのようにまとめることができるかを示したものである。

PDCA サイクルは，次のように簡潔に説明できる。

— Plan：システム及びそのプロセスの目標を設定し，顧客要求事項及び組織の方針に沿った結果を出すために必要な資源を用意し，リスク及び機会を特定し，かつ，それらに取り組む。

— Do：計画されたことを実行する。

— Check：方針，目標，要求事項及び計画した活動に照らして，プロセス並びにその結果としての製品及びサービスを監視し，（該当する場合には，必ず）測定し，その結果を報告する。

— Act：必要に応じて，パフォーマンスを改善するための処置をとる。

［解　　説］

ここではPDCAサイクルの説明をしている。PDCAは，Plan：計画，Do：実行，Check：結果を把握する，及びAct：処置，の略称で，プロセス（業務手順）の管理のあらゆる場面で使用できるものである。すでに説明したが，プロセスアプローチにおける管理手段である。ただ，2015年度版においては「**6.1**」節における計画を策定する際に，リスクの考え方を採用しているので，この規格においては，通常のPDCAのPlanの説明とは異なり，“リスク及び機会を特定して取り組むこと”が追加されている。

0.3.3　リスクに基づく考え方

リスクに基づく考え方（**A.4**参照）は，有効な品質マネジメントシステムを達成するために必須である。リスクに基づく考え方の概念は，例えば，起こり得る不適合を除去するための予防処置を実施する，発生したあらゆる不適合を分析する，及び不適合の影響に対して適切な，再発防止のための取組みを行うということを含めて，この規格の旧版に含まれていた。

組織は，この規格の要求事項に適合するために，リスク及び機会への取組みを計画し，実施する必要がある。リスク及び機会の双方への取組みによって，品質マネジメントシステムの有効性の向上，改善された結果の達成，及び好ましくない影響の防止のための基礎が確立する。

機会は，意図した結果を達成するための好ましい状況，例えば，組織が顧客を引き付け，新たな製品及びサービスを開発し，無駄を削減し，又は生産性を向上させることを可能にするような状況の集まりの結果として生じることがある。機会への取組みには，関連するリスクを考慮することも含まれ得る。リスクとは，不確かさの影響であり，そうした不確かさは，好ましい影響又は好ましくない影響をもち得る。リスクから生じる，好ましい方向へのかい（乖）離は，機会を提供し得るが，リスクの好ましい影響の全てが機会をもたらすとは限らない。

［解　　説］

組織の経営では，わかっていることは今日，現在のことのみであり，将来は予測できても確定はできない。ここでは，その不確かさへの対応に関する“リスクの考え方”を述べている。

リスクに基づく考え方（**A.4**参照）は，有効な品質マネジメントシステムを達成するために必須である。リスクに基づく考え方の概念は，例えば，起こり得る不適合を除去するための予防処置を実施する，発生したあらゆる不適合を分析する，及び不適合の影響に対して適切な，再発防止のための取組みを行うということを含めて，この規格の旧版に含まれていた。

これまでのISO 9001の規格の中には予防処置の規格があり，不適合や不具合が発生するおそれのある状況を予測し，分析して，その発生防止に取り組んできた。この規格の2008年版に含まれていた。

> 組織は，この規格の要求事項に適合するために，リスク及び機会への取組みを計画し，実施する必要がある。リスク及び機会の双方への取組みによって，品質マネジメントシステムの有効性の向上，改善された結果の達成　及び好ましくない影響の防止のための基礎が確立する。

リスク及び機会という考え方は，共に不確かさに対する表現である。将来は全てが不確かであり，その中で，将来に向かって目標を立て，達成手段を想定して組織を運用していくのである。これら目標の中には，その達成手段から高い確率で達成できると予測できるものもあるし，確率的には相当低いと予測している目標もあろう。達成許容限界を設定し，それを超えれば“機会”であり，下回れば“リスク”である。

> 機会は，意図した結果を達成するための好ましい状況，例えば，組織が顧客を引き付け，新たな製品及びサービスを開発し，無駄を削減し，又は生産性を向上させることを可能にするような状況の集まりの結果として生ずることがある。機会への取組みには，関連するリスクを考慮することも含まれ得る。リスクとは，不確かさの影響であり，そうした不確かさは，好ましい影響又は好ましくない影響をもち得る。リスクから生ずる，好ましい方向へのかい（乖）離は，機会を提供し得るが，リスクの好ましい影響の全てが機会をもたらすとは限らない。

ここでは，好ましい方向への乖離（かいり）は機会を提供し得るが，好ましい影響の全てが機会をもたらすとは限らない，とある。プロセスアプローチの中で，特定のプロセスが好ましい影響が発生しても，後続のプロセスでのバランスを崩すような現象が発生した場合は，プロセス全体としては好ましくない影響をもたらすこともありうる，と言っているのである。不確かさの下で運用していくときは，進捗状況の監視及び検討を繰り返していくことが重要である。

0.4　他のマネジメントシステム規格との関係

> **0.4　他のマネジメントシステム規格との関係**
>
> この規格は，マネジメントシステムに関する規格間の一致性を向上させるために標準化機構（**ISO**）が作成した枠組みを適用する（**A.1** 参照）。
>
> この規格は，組織が，品質マネジメントシステムを他のマネジメントシステム規格の要求事項に合わせたり，又は統合したりするために，PDCAサイクル及びリスクに基づく考

え方と併せてプロセスアプローチを用いることができるようにしている。

この規格は，次に示す **JIS Q 9000** 及び **JIS Q 9004** に関係している。

－ **JIS Q 9000**（品質マネジメントシステム—基本及び用語）は，この規格を適切に理解し，実施するために不可欠な予備知識を与えている。

－ **JIS Q 9004**（組織の持続的成功のための運営管理—品質マネジメントアプローチ）は，この規格の要求事項を超えて進んでいくことを選択する組織のための手引を提供している。

附属書 B は，**ISO/TC 176** が作成した他の品質マネジメント及び品質マネジメントシステム規格類について詳述している。

この規格には，環境マネジメント，労働安全衛生マネジメント又は財務マネジメントのような他のマネジメントシステムに固有な要求事項は含んでいない。

幾つかの分野において，この規格の要求事項に基づく，分野固有の品質マネジメントシステム規格が作成されている。これらの規格の中には，品質マネジメントシステムの追加的な要求事項を規定しているものもあれば，特定の分野内でのこの規格の適用に関する手引の提供に限定しているものもある。

この規格が基礎とした **ISO 9001**：2015 と旧版（**ISO 9001**：2008）との間の箇条の相関に関するマトリクスは，**ISO/TC 176/SC 2** のウェブサイト（www.iso.org/tc176/sc02/public）で公表されている。

［解　　説］

ここでの詳細は，**附属書 B** に記述されている。

ISO 9001：2015 年版と旧版（ISO 9001：2008）との間の箇条の相関に関するマトリクスについては，先に「緒言 2.」で示した「表　ISO 9001：2015 及び ISO 9001：2008 の要求項目対比表」（p.9）を参照。

「附属書 A（参考）　新たな構造，用語及び概念の明確化」の解説

A.1　構造及び用語

A.1　構造及び用語

この規格の箇条の構造（すなわち，箇条の順序）及び一部の用語は，他のマネジメントシステム規格との一致性を向上させるために，旧規格である **JIS Q 9001**：2008 から変更している。

この規格では，組織の品質マネジメントシステムの文書化した情報にこの国際規格の構造及び用語を適用することは要求していない。

箇条の構造は，組織の方針，目標及びプロセスを文書化するためのモデルを示すというよりも，要求事項を首尾一貫した形で示すことを意図している。品質マネジメントシステムに関係する，文書化した情報の構造及び内容は，その情報が組織によって運用されるプロセスと他の目的のために維持される情報との両方に関係する場合は，より密接に利用者に関連するものになることが多い。

組織で用いる用語を，品質マネジメントシステム要求事項を規定するためにこの規格で用いている用語に置き換えることは要求していない。組織は，それぞれの運用に適した用語を用いることを選択できる（例えば，“文書化した情報”ではなく，“記録”，“文書類”又は“プロトコル”を用いる 。“外部提供者”ではなく，“供給者”，“パートナ”又は“販売者”を用いる。)。**表 A.1** に，この規格と **JIS Q 9001**：2008 との間の用語における主な相違点を示す。

表 A.1—JIS Q 9001：2008 とこの規格との間の主な用語の相違点

JIS Q 9001：2008	この規格
製品	製品及びサービス
除外	該当なし（適用可能性の明確化については A.5 参照）
管理責任者	該当なし（類似の責任及び権限は割り当てられているが，一人の管理責任者に対する要求事項はない。）
文書類，品質マニュアル，文書化された手順，記録	文書化した情報

作業環境	プロセスの運用に関する環境
監視機器及び測定機器	監視及び測定のための資源
購買製品	外部から提供される製品及びサービス
供給者	外部提供者

［解　　説］

ISO 9001：2015での構造や一部用語は，ISO 9001：2008に比べて変更されている。しかしながら，この構造や用語は組織の品質マネジメントに反映することを求めているわけではない。また，構造は，組織の方針，目標及びプロセスを文書化する際のモデルを示しているわけでもない。用語に関しても，この規格に規定されているものを選択することを求めているわけではなく，組織が適切であると考えるものを選んでよいのである。

この規格の条項の構造は，これらの要求事項が首尾一貫していることを示すことがその意図である。形を追うのではなく，その考え方の一貫性を追ってほしいのである。

A.2 製品及びサービス

A.2 製品及びサービス

JIS Q 9001：2008では，アウトプットの全ての分類を含めるために，“製品”という用語を用いたが，この規格では，“製品及びサービス”を用いている。“製品及びサービス”は，アウトプットの全ての分類（ハードウェア，サービス，ソフトウェア及び素材製品）を含んでいる。

特に“サービス”を含めたのは，幾つかの要求事項の適用において，製品とサービスとの間の違いを強調するためである。サービスの特性とは，少なくともアウトプットの一部が，顧客とのインタフェースで実現されることである。これは，例えば，要求事項への適合がサービスの提供前に確認できるとは限らないことを意味している。

多くの場合，“製品”及び“サービス”は，一緒に用いられている。組織が顧客に提供する，又は外部提供者から組織に供給される多くのアウトプットは，製品とサービスの両方を含んでいる。例えば，有形若しくは無形の製品が関連するサービスを伴っている場合，又はサービスが関連する有形若しくは無形の製品を伴っている場合がある。

［解　　説］

2008年版では，製品という用語にはサービスも合わせて意味すると規定されていたが，この規格では，ほとんどの場合，“製品及びサービス”を併記して使用している。これは，製品とサービスとは明らかな違いがあることを強調するためであるとしている。特に，サービスの特性は，少なくとも，アウトプットの一部が，顧客との接点において初めて実現されることによる。サービスの要求事項の確認は，引き渡し前にその良さがわかるとは限らないのであって，引き渡しの場で初めてわかることが多いのである。一方，製品とサービスは同時に含まれており，その結果として，顧客満足が総合的に評価される場合が多いのである。

製品及びサービスは，この規格において比較的理解しにくい用語である。ここでは**JIS Q 9000**：2015の用語の定義を転記してみる。

表1　製品とサービスの定義（ISO 9000：2015より）

<製品（product）>
組織と顧客との間の処理・行為なしに生み出され得る，組織のアウトプット。
注記1　製品の製造は，提供者と顧客との間で行われる処理・行為なしでも達成されるが，顧客への引き渡しにおいては，提供者と顧客との間で行われる処理・行為のようなサービス要素を伴う場合が多い。
注記2　製品の主要な要素は，一般にそれが有形であることである。
注記3　ハードウェアは，有形で，その量は数えることができる特性をもつ（例　タイヤ）。素材製品は，有形で，その量は連続的な特性をもつ（例　燃料，清涼飲料水）。ハードウェア及び素材製品は，品物と呼ぶ場合が多い。ソフトウェアは，提供媒体にかかわらず，情報から構成される（例　コンピュータプログラム，携帯電話のアプリケーション，指示マニュアル，辞書コンテンツ，音楽の作曲著作権，運転免許）。

<サービス（service）>
組織と顧客との間で必ず実行される，少なくとも一つの活動を伴う組織のアウトプット。
注記1　サービスの主要な要素は，一般にそれが無形であることである。
注記2　サービスは，サービスを提供するときに活動を伴うだけでなく，顧客とのインターフェースにおける，顧客要求事項を設定するための活動を伴うことが多く，また，銀行，会計事務所，公的機関（例　学校，病院）などのように継続的な関係を伴う場合が多い。
注記3　サービスの提供には，例えば，次のものがあり得る。
－顧客支給の有形の製品（例　修理される車）に対して行う活動
－顧客支給の無形の製品（例　納税申告に必要な収支情報）に対して行う活動
－無形の製品の提供（例　知識伝達という意味での情報提供）
－顧客のための雰囲気作り（例　ホテル内，レストラン内）
注記4　サービスは，一般に，顧客によって経験される。

A.3　利害関係者のニーズ及び期待の理解

A.3　利害関係者のニーズ及び期待の理解

4.2は，組織が品質マネジメントシステムに密接に関連する利害関係者，及びそれらの利害関係者の要求事項を明確にするための要求事項を規定している。しかし，**4.2**は，品質マネジメントシステム要求事項が，この規格の適用範囲を越えて拡大されることを意味しているのではない。適用範囲で規定しているように，この規格は，組織が顧客要求事項及び適用される法令・規制要求事項を満たした製品又はサービスを一貫して提供する能力をもつことを実証する必要がある場合，並びに顧客満足の向上を目指す場合に適用できる。

この規格では，組織に対し，組織が自らの品質マネジメントシステムに密接に関連しないと決定した利害関係者を考慮することは要求していない。密接に関連する利害関係者の特定の要求事項が，自らの品質マネジメントシステムに密接に関連するかどうかを決定するのは，組織である。

[解　　説]

ここでは，「**4.2**」節の，利害関係者のニーズ及び期待に関する要求事項を明確にするための，その限界を示す規定を明確にしている。「**4.2**」節は，品質マネジメントシステム要求事項が，この規格の適用範囲を超えて拡大されることを求めているのではない。

この規格は，組織が自らの品質マネジメントシステムに密接に関連しないと決定した利害関係者を組織が再考することを，この規格は要求していない。関連する利害関係者の特定の要求事項が自らの品質マネジメントシステムに密接に関連するかどうかを決定するのは組織である，と明示しているのである。

A.4　リスクに基づく考え方

A.4　リスクに基づく考え方

リスクに基づく考え方の概念は，例えば，計画策定，レビュー及び改善に関する要求事項を通じて，従来からこの規格の旧版に含まれていた。この規格は，組織が自らの状況を理解し（**4.1** 参照），計画策定の基礎としてリスクを決定する（**6.1** 参照）ための要求事項を規定している。これは，リスクに基づく考え方を品質マネジメントシステムプロセスの計画策定及び実施に適用することを示しており（**4.4** 参照），文書化した情報の程度を決定する際に役立つ。

品質マネジメントシステムの主な目的の一つは，予防ツールとしての役割を果たすことである。したがって，この規格には，予防処置に関する個別の箇条又は細分箇条はない。予防処置の概念は，品質マネジメントシステム要求事項を策定する際に，リスクに基づく考え方を用いることで示されている。

この規格で適用されているリスクに基づく考え方によって，規範的な要求事項の一部削減，及びパフォーマンスに基づく要求事項によるそれらの置換えが可能となった。プロセス，文書化した情報及び組織の責任に関する要求事項の柔軟性は，**JIS Q 9001**：2008 よりも高まっている。

6.1 は，組織がリスクへの取組みを計画しなければならないことを規定しているが，リスクマネジメントのための厳密な方法又は文書化したリスクマネジメントプロセスは要求していない。組織は，例えば，他の手引又は規格の適用を通じて，この規格で要求しているよりも広範なリスクマネジメントの方法論を展開するかどうかを決定することができる。

品質マネジメントシステムの全てのプロセスが，組織の目標を満たす能力の点から同じレベルのリスクを示すとは限らない。また，不確かさがもたらす影響は，全ての組織にとって同じではない。**6.1** の要求事項の下で，組織は，リスクに基づく考え方の適用，及びリスクを決定した証拠として文書化した情報を保持するかどうかを含めた，リスクへの取組みに対して責任を負う。

［解　説］

この附属書に記述されている“リスクに関する考え方”は，ISO 9001 にはもとからこの考え方が含まれて，含まれていない状態では ISO 9001 は運用できないと述べているのである。組織経営の運用をする際に，明確にわかることは今日，現在のことだけであり，将来のことは予測できても確定はできない。そのために，計画策定の際や，レビュー及び改善に関する要求事項で対応してきたのであり，さらに“予防処置”の要求事項が規定されていた。

この規格において“リスクに関する考え方”を規格に導入したことにより，組織運用に柔軟性が持てるようになった。

ただ，この規格で規定している“リスク”は，厳密な方法や文書化したリスクマネジメントプロセスの要求事項ではないのである。この規格の要求範囲を超えてリスクマネジメントの方法論を展開することは求められてはいない。

この規格で実施することが求められる“リスクに基づく考え方の適用”は「**6.1**」節に基づくもので，必要最小限の要求は満たされているのである。

A.5　適用可能性

A.5　適用可能性

この規格は，組織の品質マネジメントシステムへの要求事項の適用可能性に関する“除外”について言及していない。ただし，組織は，組織の規模又は複雑さ，組織が採用するマネジメントモデル，組織の活動の範囲，並びに組織が遭遇するリスク及び機会の性質による要求事項の適用可能性をレビューすることができる。

4.3 は，適用可能性に関する要求事項を規定しており，そこに定める条件に基づいて，組織は，ある要求事項が組織の品質マネジメントシステムの適用範囲内でどのプロセスにも適用できないことを決定することができる。その決定が，製品及びサービスの適合が達成されないという結果を招かない場合に限り，組織は，その要求事項を適用不可能と決定することができる。

［解　説］

ISO 9001：2008 年版までは，組織及びその製品の性質によっては，該当する規格の要求事項のいずれかが適用不可能な場合には，その要求事項の除外を考慮することができた。ただし，それは「7」章のみに限るという制限があった。しかしながら，2015 年版からは規格の中で「除外」という表現はなくなった。しかしながら，その組織によっては規格の要求事項が適用できない場合は，一定の条件はあるが，すべての条項において“適用不可能”と決定できるようになった。

その際の条件とは，次の通りである。まず，組織は，その品質マネジメントシステムの適用範囲及び対象となる製品及びサービスの種類を文書化した情報として利用可能な状態にして維持する。そのうえで，組織が，自らの品質マネジメントシステムがこの規格の要求事項に適用不可能と決定した要求事項が，組織の製品及びサービスの適合を確実にする組織の能力または責任に影響を及ぼさないことの正当性を示さなければならないのである。

例えば，組織経営コンサルタント業を営む組織が「**7.1.5**」項の「**監視及び測定のための資源**」の要求を適用不可能と決定できると考えられる。この組織の場合は監視及び測定資源を活用する必要がないので，適用不可能なことを決定した要求事項が“組織の製品及びサービスの適合を確実にする組織の能力又は責任に影響を及ぼさない”ことの正当性を文書化した情報として保持すれば，その適用不可能が認められる。

A.6　文書化した情報

A.6　文書化した情報

他のマネジメントシステム規格と一致させることの一環として，“文書化した情報”に関する共通箇条を，重要な変更又は追加なく採用した（**7.5** 参照）。必要に応じて，この規格の他の部分の表記を，この要求事項と整合させた。その結果，全ての文書要求事項に“文書化した情報”を用いている。

JIS Q 9001：2008 は，“文書”，“文書化された手順”，“品質マニュアル”，“品質計画書”などの特定の用語を用いていたが，この規格では，“文書化した情報を維持する”という要求事項として規定している。

JIS Q 9001：2008 は，要求事項への適合の証拠の提示に必要な文書を意味するために“記録”という用語を用いていたが，この規格では，“文書化した情報を保持する”という要求事項として表している。組織は，保持する必要のある文書化した情報，保持する期間及び保持のために用いる媒体を決定する責任を負う。

文書化した情報を“維持する”という要求事項は，組織が，特定の目的のため（例えば，文書化した情報の旧版を保持するため）にも，同じものを“保持する”必要があるかもしれないという可能性を除外していない。

この規格のある箇所は，“文書化した情報”というよりも，“情報”に言及している。(例えば，**4.1** には，“組織は，これらの外部及び内部の課題に関する情報を監視し，レビューしなければならない。”とある。)。この情報を文書化しなければならないという要求事項はない。組織は，このような状況下で，文書化した情報を維持することが必要又は適切かどうかを決定することができる。

［解　説］

この規格は Annex SL に従って他の国際規格との要求事項を一致させるために，文書及び記録を“文書化した情報”に統一した。

“文書化した情報を維持する”が手順書などを示す用語であり，“文書化した情報を保持する”が記録を示す用語である。情報に重点を置く場合は“維持する”のか“保持する”のかを組織が決めればよいのである。この例は，「**4.1**」及び「**4.2**」に見られる。さらに“保管”という要求事項が「**8.1**」に見られる。この用語は文書化した情報を“維持し，かつ，保持する”ことを意味する。2008 年版に存在した“品質マニュアル”，“文書化した手順”，“文書”などの用語はなくなった。“記録”という用語も規格にはなくなった。なお，記録の様式は，その様式に記録することが求められた指示書であり，様式そのものは“文書化した情報を維持する”手順書である。その様式に記録を記載したのちは記録となるので注意が必要である。ただ，“組織の品質マネジメントシステム”でどのような用語を使うかは，組織が決めればよいのである。表 2 に，著者が考えた文書化した情報を維持するものを条項ごとに示した。

表 2　ISO 9001：2015 における文書化した情報の要求事項

㊎：文書化した情報の維持，㊖：文書化した情報の保持

条項番号と㊎㊖有無	㊎ ㊖有無と要求事項	条項番号と㊎㊖有無	㊎ ㊖有無と要求事項	条項番号と㊎㊖有無	㊎ ㊖有無と要求事項
4.1：㊎ ㊖	外部・内部の課題の情報	**7.1.6**：㊎	必要な知識の維持	**8.5**：	
4.2：㊎ ㊖	利害関係者の要求事項の情報	**7.2**：㊖ ㊎	力量の証拠	**8.5.1**：㊎	製品及びサービスの提供
4.3：㊎	適用範囲	**7.3**：		**8.5.2**：㊖	トレーサビリティ
4.4.1：㊎	運用管理の判断基準	**7.4**：		**8.5.3**：㊖	顧客・外部提供者の所有物
4.4.2：㊎ ㊖	㊎プロセス運用の支援 ㊖プロセスが計画通り実施	**7.5**：		**8.5.4**：	

5.：		**7.5.1**：		**8.5.5**：	
5.1：		**7.5.2**：		**8.5.6**：㊹	変更管理レビュー
5.1.1：		**7.5.3**：		**8.6**：㊹	リリース
5.1.2：		**7.5.3.1**：		**8.7**：	
5.2：		**7.5.3.2**：		**8.7.1**：	
5.2.1：㊮	品質方針	**8.**：		**8.7.2**：㊹	不適合情報
5.2.2：㊮	品質目標	**8.1**：㊮ ㊹	プロセス運用状況判断基準，記録	**9**：	
5.3：		**8.2**：		**9.1**：	
6.：		**8.2.1**：		**9.1.1**：㊹	監視，測定，分析及び評価
6.1：		**8.2.2**：		**9.1.2**：	
6.1.1：		**8.2.3**：		**9.1.3**：	
6.1.2：		**8.2.3.1**：		**9.2**：	
6.2：		**8.2.3.2**：㊹	製品及びサービスの要求事項	**9.2.1**：	
6.2.1：㊮	品質目標	**8.2.4**：㊹	文書化した情報の変更結果	**9.2.2**：㊹ ㊮	監査結果の証拠，監査プログラム
6.2.2：		**8.3**：		**9.3**：	
6.3：		**8.3.1**：		**9.3.1**：	
7.：		**8.3.2**：㊹	設計開発の要求事項	**9.3.2**：	
7.1：		**8.3.3**：㊹	設計開発のインプット	**9.3.3**：㊹	マネジメントレビューからのアウトプット
7.1.1：		**8.3.4**：㊹	設計開発のレビュー	**10.**：	
7.1.2：		**8.3.5**：㊹ ㊮	設計開発のアウトプット	**10.1**：	
7.1.3：		**8.3.6**：㊹	設計開発の変更	**10.2**：	
7.1.4：		**8.4**：		**10.2.1**：	
7.1.5：		**8.4.1**：㊹ ㊮	外部提供者の評価	**10.2.2**：㊹	不適合と是正処置
7.1.5.1：㊹	監視測定の目的合致	**8.4.2**：		**10.3**：	
7.1.5.2：㊹	校正のトレーサビリティ	**8.4.3**：			

筆者注記：
＊「4.1」及び「4.2」は明確な維持，保持の要求事項はないが「附属書 A.6」より筆者類推。
＊プロセスが運用されているところは，上表に記述がなくても「4.4.2」の要求事項から全て㊮㊹が必要。

A.7　組織の知識

A.7　組織の知識

7.1.6 では，プロセスの運用を確実にし，製品及びサービスの適合を達成することを確実にするために，組織が維持する知識を明確にし，マネジメントすることの必要性を規定している。

組織の知識に関する要求事項は，次のような目的で導入された。

a) 例えば，次のような理由による知識の喪失から組織を保護する。

– スタッフの離職

– 情報の取得及び共有の失敗

b) 例えば，次のような方法で知識を獲得することを組織に推奨する。

– 経験から学ぶ。

– 指導を受ける。

– ベンチマークする。

[解　説]

組織の知識の維持，向上に関しては，この規格は次のような懸念をもっている。

＊組織の知識が喪失される危険性がある。知識をどう保護するか。

＊組織は知識獲得方法を明らかにして組織の知識の維持，向上を目指さなければならない。

これらの懸念のもとに，この規格の「**7.1.6**」項では次のような“組織の知識”に対する要求事項を導入した。

＊プロセス（業務手順）の運用に必要な知識並びに製品及びサービスの適合を達成するために必要な知識を明確にする。

＊この知識を維持し，必要な範囲で利用できるようにする。

＊変化するニーズ及び傾向に取り組む場合，新たに追加が必要な知識を習得する方法や，その知識を見出す方法を明確にする。

A.8 外部から提供されるプロセス，製品及びサービスの管理

A.8 外部から提供されるプロセス，製品及びサービスの管理

8.4 では，例えば，次のような形態のいずれによるかを問わず，外部から提供されるプロセス，製品及びサービスのあらゆる形態について規定している。

a) 供給者からの購買

b) 関連会社との取決め

c) 外部提供者への，プロセスの外部委託

外部委託は，提供者と組織との間のインタフェースで必ず実行される，少なくとも一つの活動を伴うため，サービスに不可欠な特性を常にもつ。

外部からの提供に対して必要となる管理は，プロセス，製品及びサービスの性質によって大きく異なり得る。組織は，特定の外部提供者並びに外部から提供されるプロセス，製品及びサービスに対して行う，適切な管理の方式及び程度を決定するために，リスクに基づく考え方を適用することができる。

［解　説］

ここでは，この規格の要求事項である「**8.4**」節における“外部から提供されるプロセス，製品及びサービスの管理”の特質を述べている。

典型的なプロセス（業務手順）としては供給者からの購買，関連会社との取決めあるいは外部提供者へのプロセスの外部委託などがある。そこには組織と提供者との接点があり，そこで行われる。すなわち，サービスを伴う。そのため，適切な管理の方式及び程度を決定する必要がある。不確かな状況が考えられ，リスクに基づく考え方を適用することをもとにした契約書などを作成することが求められる。

附属書 B（参考） ISO/TC 176 によって作成された品質マネジメント及び品質マネジメントシステムの他の規格類

（品質マネジメントシステム規格類を紹介するため JIS Q 9001 より転載）

この附属書に記載する **ISO** 規格類は，この規格を適用する組織に対して支援情報を提供し，その要求事項を超えて進んでいくことを選択する組織のための手引を提供するため，**ISO/TC 176** が作成した。この附属書に記載した文書に含まれる手引又は要求事項は，この規格の要求事項を追加又は変更するものではない。

表 B.1 に，これらの規格類とこの規格に関連する箇条との関係を示す。

この附属書は，**ISO/TC 176** によって作成された特定分野の品質マネジメントシステム規格への参照は含まない。

ISO 9001（以下，この附属書の中では“この規格”という。）は，**ISO/TC 176** によって作成された中核となる三規格のうちの一つである。

- **ISO 9000**，Quality management systems—Fundamentals and vocabulary

  この規格を適切に理解し，実施するために不可欠な予備知識を与えている。**ISO 9000** に詳述する品質マネジメントの原則は，この規格の作成においても考慮された。この原則自体は要求事項ではないが，この規格に規定する要求事項の基礎となっている。また，**ISO 9000** は，この規格で用いる用語，定義及び概念を定めている。

  注記 この国際規格に基づき，JIS Q 9000 が制定されている。

- **ISO 9001**，Quality management systems—Requirements

  主として，組織が提供する製品及びサービスについての確信を与え，かつ，それによって顧客満足を向上させることを狙いとした要求事項を規定している。これを適切に実施することによって，内部コミュニケーションの改善，組織のプロセスのよりよい理解及び管理などの，組織に対する他の便益も期待できる。

  注記 この国際規格に基づき，JIS Q 9001 が制定されている。

- **ISO 9004**，Managing for the sustained success of an organization—A quality management approach

  この規格の要求事項を超えて進んでいくことを選択する組織に対し，組織の全体的なパフォーマンスの改善につながり得る，より広範なテーマに取り組むための手引を提供している。**ISO 9004** は，組織が自らの品質マネジメントシステムの成熟度を評価できるようにするための，自己評価の方法論に関する手引を含んでいる。

注記 この国際規格に基づき，JIS Q 9004 が制定されている。

次の規格類は，組織が品質マネジメントシステム，プロセス若しくは活動を確立し又はそれらの改善を求める際に，組織を支援し得る。

— **ISO 10001**, Quality management—Customer satisfaction—Guidelines for codes of conduct for organizarions

組織が，その顧客満足の規定が顧客のニーズ及び期待を満たすことを判断する際の手引を提供している。これによって，組織において顧客の信頼を高め，組織に何を期待できるかに関する顧客の理解を高めることで誤解及び苦情の可能性を低減することが可能になる。

注記 この国際規格に基づき，JIS Q 10001 が制定されている。

— **ISO 10002**, Quality management—Customer satisfaction—Guidelines for complaints handling in organizarions

苦情申出者のニーズ及び期待を認識し，対応し，受け取った苦情を解決するという，苦情対応プロセスについての指針を提供している。この指針は，人々の教育・訓練を含め，公開され，効果的で，利用しやすい苦情受付方法を提供し，また，小規模企業のための指針も提供する。

注記 この国際規格に基づき，JIS Q 10002 が制定されている。

— **ISO 10003**, Quality management—Customer satisfaction—Guidelines for dispute resolution external to organizarions

製品に関連する苦情に対する効果的かつ効率的な外部における紛争解決のための手引を提供している。組織が苦情を内部的に救済しない場合，外部における紛争解決手続が，救済の道を提供する。多くの苦情は，敵対的な手続を必要とすることなく，組織内で解決される可能性がある。

注記 この国際規格に基づき，JIS Q 10003 が制定されている。

— **ISO 10004**, Quality management—Customer satisfaction—Guidelines for monitoring and measuring

顧客満足を向上させる処置，並びに顧客によって価値が評価された製品，プロセス，及び付帯事項の改善の機会を明確にする処置についての指針を提供している。このような処置は，顧客のロイヤリティを高めることができ，顧客をつなぎとめるのに役立つ。

— **ISO 10005**, Quality management systems—Guidelines for quality plans

プロセス，製品，プロジェクト又は契約の要求事項を，製品実現を支援する作業方法及び慣行に関連付ける手段としての，品質計画書の作成及び使用についての手引を提供している。品質計画書を作成することの便益は，要求事項が満たされ，プロセスが管理されているという確信を高めること，及びそれによって関係者に意欲を与えられることにある。

― **ISO 10006**，Quality management systems―Guidelines for quality management in projects

この指針は，小規模のものから大規模なもの，単純なものから複雑なもの，単独のプロジェクトからプロジェクトのプログラム又はポートフォリオの一部であるものまで，様々なプロジェクトに適用できる。この指針は，プロジェクトを運営管理し，所属組織が品質マネジメントシステムに関する規格の実践の適用を確実にする立場にある要員が用いることを意図している。

注記　この国際規格に基づき，JIS Q 10006が制定されている。

― **ISO 10007**，Quality management systems―Guidelines for Configuration management

製品のライフサイクルにわたる技術上及び管理上の方向付けのためにコンフィギュレーション管理を適用している組織を支援するためのものである。コンフィギュレーション管理は，この規格に規定する製品の識別及びトレーサビリティの要求事項を満たすために用いることができる。

― **ISO 10008**，Quality management―Customer satisfaction―Guidelines for business-to-consumer electronic commerce transactions

組織がどのように企業と消費者との間の電子商取引システムを効果的かつ効率的に実施できるかについての手引を提供している。これによって，企業・消費者間電子商取引に対する消費者の信頼を高めるための基礎を提供し，消費者を満足させる組織の能力を強化し，苦情及び，紛争を減少させるのに役立つ。

― **ISO 10012**，Measurement management systems―Requirements for measurement processes and measuring equipment

計量要求事項への適合性を支援し，実証するために使用する，測定プロセスの運用管理及び測定機器の計量確認に関する手引を提供している。これは，計測マネジメントシステムにおける計量要求事項を満たすことを確実にするための品質マネジメントの基準を提供している。

注記　この国際規格に基づき，JIS Q 10012が制定されている。

― **ISO/TR 10013**，Guidelines for quality management system documentation

品質マネジメントシステムにとって必要な文書類の作成及び維持についての指針を提供している。この指針は，品質マネジメントシステムに関する規格以外のマネジメントシステム，例えば，環境マネジメントシステム及び安全マネジメントシステムの文書化のためにも用いることができる。

− **ISO 10014**, Quality management—Guidelines for realizing financial and economic benefits

トップマネジメントに向けたものである。この指針は，品質マネジメントの原則の適用を通して財務的及び経済的便益を実現することについての指針を提供している。この指針は，品質マネジメントの原則の適用，並びに組織の持続的成功を可能にする方法及びツールの選択を容易にする。

− **ISO 10015**, Quality management—Guidelines for training

教育・訓練に関する課題への取組みにおいて組織を支援するための指針を提供している。この指針は，品質マネジメントシステムに関する規格における“教育・訓練”の解釈について，手引が必要な場合にいつでも適用することができる。“教育・訓練”には，全ての種類の教育及び訓練が含まれる。

− **ISO/TR 10017**, Guidance on statistical techniques for ISO 9001 : 2000

明らかな安定状況にある場合でさえ生じる，プロセスの振舞い及び結果において観察され得る変動を扱うために考え出された統計的手法について説明している。統計的手法は，意思決定の支援のために利用可能なデータをより有効に用いることを可能にし，これによって，顧客満足を達成するための製品及びプロセスの品質の継続的改善に役立つ。

− **ISO 10018**, Quality management—Guidelines on people involvement and competence

人々の参画及び力量に関わる指針を提供している。品質マネジメントシステムは，力量のある人々の参画，及びこれらの人々が組織に導入され，組み込まれる方法によって決まる。必要とされる知識，技能，行動及び作業環境を明確にし，開発し，評価することが重要である。

− **ISO 10019**, Guidelines for the selection of quality management system consultants and use of their services

品質マネジメントシステムコンサルタントの選定及びそのサービスの利用のための手引を提供している。この指針は，品質マネジメントシステムコンサルタントの力量を評価するためのプロセスに関する手引を示し，また，コンサルタントのサービスに対する組織のニーズ及び期待が満たされるだろうという信頼を与える。

注記 この国際規格に基づき，JIS Q 10019 が制定されている。

− **ISO 19011**, Guidelines for auditing management systems

監査プログラムの管理，マネジメントシステム監査の計画及び実施，並びに監査員及び監査チームの力量及び評価についての手引を提供している。この指針は，監査員，マネジメントシステムを実施する組織，及びマネジメントシステムの監査の実施が必要な組織に適用することを意図している。

注記　この国際規格に基づき，JIS Q 19011 が制定されている。

表B.1—この規格の箇条と他の品質マネジメント及び品質マネジメントシステムに関する規格類との関係

他の規格類	この規格の箇条						
	箇条4	箇条5	箇条6	箇条7	箇条8	箇条9	箇条10
ISO 9000	全て	全て	全て	全て	全て	全て	全て
ISO 9004	全て	全て	全て	全て	全て	全て	全て
ISO 10001					8.2.2, 8.5.1	9.1.2	
ISO 10002					8.2.1	9.1.2	10.2.1
ISO 10003						9.1.2	
ISO 10004						9.1.2 9.1.3	
ISO 10005		5.3	6.1 6.2	全て	全て	9.1	10.2
ISO 10006	全て	全て	全て	全て	全て	全て	全て
ISO 10007					8.5.2		
ISO 10008	全て	全て	全て	全て	全て	全て	全て
ISO 10012				7.1.5			
ISO/TR 10013				7.5			
ISO 10014	全て	全て	全て	全て	全て	全て	全て
ISO 10015				7.2			
ISO/TR 10017			6.1	7.1.5		9.1	
ISO 10018	全て	全て	全て	全て	全て	全て	全て
ISO 10019					8.4		
ISO 19011						9.2	

注記“全て”は，この規格の特定の箇条の全ての細分箇条が他の規格類と関係していることを意味する。

「品質マネジメントシステム—要求事項」とその解説

1. 適用範囲

この規格は，次の場合の品質マネジメントシステムに関する要求事項について規定する。

a) 組織が，顧客要求事項及び適用される法令・規制要求事項を満たした製品及びサービスを一貫して提供する能力をもつことを実証する必要がある場合。

b) 組織が，品質マネジメントシステムの改善のプロセスを含むシステムの効果的な適用，並びに顧客要求事項及び適用される法令・規制要求事項への適合の保証を通して，顧客満足の向上を目指す場合。

この規格の重要求事項は，汎用性があり，業種・形態，規模，又は提供する製品及びサービスを問わず，あらゆる組織に適用できることを意図している。

注記 1 この規格の“製品”又は“サービス”という用語は，顧客向けに意図した製品及びサービス，又は顧客に要求された製品及びサービスに限定して用いる。

注記 2 法令・規制要求事項は，法的要求事項と表現することもある。

注記 3 この規格の対応国際規格及びその対応の程度を表す記号を，次に示す。

ISO9001：2015, Quality management systems—Requirements (IDT)

なお，対応の程度を表す記号“IDT”は，**ISO/IEC Guide21-1** に基づき，“一致している”ことを示す。

[解　説]

ここでは，この規格の二つの用途に関して述べている。

a） 自社の製品が顧客要求事項および適用される法令・規制要求事項を満たすことができる品質保証の能力を持つことを顧客に証明できるマネジメントシステムを構築したい組織。

b） 顧客要求事項および適用される法令・規制要求事項への確実な適合を保証することを通して，顧客満足向上を目指すマネジメントシステムを構築したい組織。

a）を外部品質保証といい，外部利害関係者に対して自らの品質保証の能力を示そうとする組織を目指すためのものである。一方，b）は内部品質保証と呼ばれるものであり，内部の品質保証能力を高めることによって，確実に良品質の製品を提供することができるようになり，その結果として，顧客満足向上を図れるようになる組織を目指すためのものである。ISO 9001は，「87年版」の時代から，このような二つの側面を持つといわれてきた。ISO 9001の認証取得を求めるのは，a）の場合である。

この規格の全ての要求事項は，業種及び形態，規模，並びに提供する製品を問わず，あらゆる組織に適用できることを意図しており，汎用性を有するのである。

注記1には，ISO 9001の事業の目的である“製品”または“サービス”の用語は，顧客に要求されている“製品”及び“サービス”に限定していると述べているのである。しかしながら，廃棄物の処理を業として取り扱う組織がISO 9001の認証を取得する際には，そのサービスは“顧客に要求されているもの”として受け取られるであろう。

注記2には，法令規制要求事項は，法令要求事項と表現することもあると注記されている。

注記3には，このJIS Q 9001：2015が対応する国際規格ISO 9001：2015との対応の程度を示しており，JIS Q 9001：2015はISO/IEC Guide 21に基づくISO 9001：2015との対応に程度はIDT（一致している）であることを示している。

なお，ISO/IEC Guide 21に基づく対応の程度はMOD：修正している，NEQ：同等でない，の表現がある。日本においては，IDT及びMODに相当する場合を「JISが国際規格に整合している」としている。

2. 引用規格

次に掲げる規格は，この規格に引用されることによって，この規格の規定の一部を構成する。この引用規格は，記載の年の版を適用し，その後の改正版（追補を含む。）は適用しない。

JIS Q 9000：2015，品質マネジメントシステム－基本及び用語

注記 対応国際規格：**ISO 9000**：2015，Quality management systems―Fundamentals and vocabulary (IDT)

［解　説］

この規格ではISO 9000：2015を引用して規定の一部を構成している。その際は，記載の年の版のみを適用し，その後の改正版（追補を含む）は適用しないと述べている。

3. 用語及び定義

この規格で用いる主な用語及び定義は，**JIS Q 9000**：2015による。

［解　説］

このJIS Q 9001：2015における主な用語及び定義はJIS Q 9000：2015に規定されているものを使用すると述べている。

4. 組織の状況

4.1 組織及びその状況の理解

組織は，組織の目的及び戦略的な方向性に関連し，かつ，その品質マネジメントシステムの意図した結果を達成する組織の能力に影響を与える，外部及び内部の課題を明確にしなければならない。

組織は，これらの外部及び内部の課題に関する情報を監視し，レビューしなければならない。

注記1 課題には，検討の対象となる，好ましい要因又は状態，及び好ましくない要因又は状態が含まれ得る。

注記2 外部の状況の理解は，国際，国内，地方又は地域を問わず，法令，技術，競争，市場，文化，社会及び経済の環境から生じる課題を検討することによって容易になり得る。

注記3 内部の状況の理解は，組織の価値観，文化，知識及びパフォーマンスに関する課題を検討することによって容易になり得る。

［解　説］

方針，目標及びその目標を達成するための活動を計画するときに，意図した結果を達成する組織の能力に影響を与える外部及び内部の課題を明確にすることが求められている。

組織は，これらの外部及び内部の課題に関する情報を監視し，レビューすることが求められている。その結果は，リスクあるいは機会を想定して，今後の計画を進める「**6**」章の基礎情報としなければならない。

注記1では，今後の組織が向かうべき方向に影響を与える好ましい要因または状態，及び好ましくない要因または状態を理解することが求められるとしている。

注記2は，外部の状況の理解に関する題材を示している。それらには，国際，国内，地方または地域を問わず，法令，技術，競争，市場，文化，社会及び経済の環境から生じる課題を検討することがよいとされている。

注記3は，内部の状況の理解に関する題材を示している。それらには，組織の価値観，文化，知識及びパフォーマンス（成果）に関する課題を検討することがよいとされている。

ここでは，まず，現状の事業の実態を把握しなければならない。それには，例えば製造業では，提供している製品及びサービスを縦軸に取り上げ，外部及び内部の法令，技術，競争，市場，文化，社会及び経済の環境などの課題を横軸にしたマトリックスを構成して，定期的に情報を監視し，レビューしていく。その事例を「表4.1–1」に示す。

販売状況の実態は次のような整理ができる。

製造して販売しているものは何か，購買して販売しているものは何か，販売をやめていくものは何か，新たな分野に進出していくものは何かなどである。

表 4.1–1 組織の目的及びその戦略的な方向性に対する内外の課題（対象分野・個別製品にはサービスが含まれている）

2015年10月11日レビュー

製品と課題／事業分野	個別製品名	法令・規制状況	販売状況	社内の力量	競争状況	経済環境	文化・社会環境	リスク状況	その他
製造販売製品	A製品	現状では課題なし	増加傾向	適切	Z社が競合製品販売開始	円安により値上げ検討	現在の社会環境に合致している	競争激化の懸念有り F製品投入促進要	現状ではない
	B製品	~~~	~~~	~~~	~~~	~~~	~~~	~~~	~~~
	C製品	~~~	~~~	~~~	~~~	~~~	~~~	~~~	~~~
購買販売製品	D製品	~~~	~~~	~~~	~~~	~~~	~~~	~~~	~~~
	E製品	~~~	~~~	~~~	~~~	~~~	~~~	~~~	~~~
新製品計画	F製品	~~~	~~~	~~~	~~~	~~~	~~~	~~~	~~~
新分野進出予定製品	G製品	~~~	~~~	~~~	~~~	~~~	~~~	~~~	~~~
	H製品	~~~	~~~	~~~	~~~	~~~	~~~	~~~	~~~
販売終了検討製品	I製品	~~~	~~~	~~~	~~~	~~~	~~~	~~~	~~~

4.2 利害関係者のニーズ及び期待の理解

次の事項は，顧客要求事項及び適用される法令・規制要求事項を満たした製品及びサービスを一貫して提供する組織の能力に影響又は潜在的影響を与えるため，組織は，これらを明確にしなければならない。

a)　品質マネジメントシステムに密接に関連する利害関係者

b)　品質マネジメントシステムに密接に関連するそれらの利害関係者の要求事項

組織は，これらの利害関係者及びその関連する要求事項に関する情報を監視し，レビューしなければならない。

［解　　説］

顧客要求事項及び適用される法令・規制要求事項を満たした製品及びサービスを一貫して提供するときに，組織の能力に影響又は潜在的影響を与える品質マネジメントシステムに密接に関連する利害関係者及びその要求事項を明確にすることが要求されている。その上で，それら情報の監視及びレビューが求められている。その結果からどのようなリスクあるいは機会があるかを想定し，今後の計画を進める「6. 章」の基礎情報としなければならないと要求されているのである。

ただ，詳細な情報を入手しようとすると大変な調査が必要であり，この要求事項がそこまで求めているとは考えられない。まずは「表 4.2.1」に示したような概要の把握から入って，特に必要な情報に関しては個別に調査することが望ましい。

利害関係者を例示すれば，次のものがあげられる。組織の実態を考えながら取捨選択していけばよい。顧客，オーナー，組合・従業員，供給者，株主など，パートナー，商売上の競合他社，近隣住民など。

表 4.2-1　組織の利害関係者のニーズと期待（対象分野・個別製品にはサービスが含まれている）

2015 年 10 月 11 日レビュー

製品と課題／事業分野	個別製品名	顧客	オーナー	労働組合従業員	供給者	株主など	パートナー	競合他社	近隣住民	その他
製造販売製品	A 製品	競合他社の動きに備えて，既存及び新規顧客への営業活動を強化	利益率低下傾向に関して改善の要求有り	派遣社員の待遇に関して協議の打診有り	現状では当社の期待に応えてくれている。ただ Y 社が円安による原料値上げの打診有り	現状では特に要求なし	協力社員派遣中。社会的に要員不足の傾向有り。派遣者の派遣料金値上げ打診有り	Z 社が競合製品販売開始競争激化の懸念有り	現状ではない	特になし
	B 製品	~~~	~~~	~~~	~~~	~~~	~~~	~~~		~~~
	C 製品	~~~	~~~	~~~	~~~	~~~	~~~	~~~		~~~
購買販売製品	D 製品	~~~	~~~	~~~	~~~	~~~	~~~	~~~		~~~
	E 製品	~~~	~~~	~~~	~~~	~~~	~~~	~~~		~~~

新製品計画	F 製品	~~~	~~~	~~~	~~~	~~~	~~~	~~~		~~~
新分野進出予定製品	G 製品	~~~	~~~	~~~	~~~	~~~	~~~	~~~		~~~
	H 製品	~~~	~~~	~~~	~~~	~~~	~~~	~~~		~~~
販売終了検討製品	I 製品	~~~	~~~	~~~	~~~	~~~	~~~	~~~		~~~

4.3 品質マネジメントシステムの適用範囲の決定

組織は，品質マネジメントシステムの適用範囲を定めるために，その境界及び適用可能性を決定しなければならない。

この適用範囲を決定するとき，組織は，次の事項を考慮しなければならない。

a) **4.1** に規定する外部及び内部の課題

b) **4.2** に規定する，密接に関連する利害関係者の要求事項

c) 組織の製品及びサービス

決定した品質マネジメントシステムの適用範囲内でこの国際規格の要求事項が適用可能ならば，組織は，これらを全て適用しなければならない。

組織の品質マネジメントシステムの適用範囲は，文書化した情報として利用可能な状態にし，維持しなければならない。適用範囲では，対象となる製品及びサービスの種類を明確に記載し，組織が自らの品質マネジメントシステムの適用範囲への適用が不可能であることを決定したこの規格の要求事項全てについて，その正当性を示さなければならない。

適用不可能なことを決定した要求事項が，組織の製品及びサービスの適合並びに顧客満足の向上を確実にする組織の能力又は責任に影響を及ぼさない場合に限り，この規格への適合を表明してよい。

[解　説]

該当する組織において品質マネジメントシステムの適用範囲を定めるため，その境界や適用可能かどうかを決めなければならない。

この適用範囲を決定するとき，組織は，次の内容を考慮することが求められている。

a) 4.1 に規定する外部及び内部の課題

例えば，当社は設計・開発をどの程度実施しているのか，製造にあたってどのような状態の原材料を入手しているのか，外部にアウトソースしているのか，製品をどのような状態で，どのような手段で顧客に届けているのかなど。

b) 4.2 に規定する，密接に関連する利害関係者の要求事項

顧客はどのような梱包形態の製品を求めているのか，一般的に，法令上の製品呼称があ

るかなど。

c) 組織の製品及びサービス

何を目的にした製品及びサービスか，設計，製造，輸送過程はどのようになっているのかなど。

その上で，組織の品質マネジメントシステムの適用範囲を決める必要がある。その結果を手順書として利用可能な状態にし，維持しなければならないと要求され，また，対象範囲内で対象となる製品及びサービスの種類を明確に記載しなければならないと要求されている。いわゆる文書化が求められているのである。

次に，この節に登場している“適用不可能”という要求事項について述べてみる。

ISO 9001：2008 の“除外”に相当するものである。2008 年版では，適用範囲の「1.2 適用」に“製品（サービスを含む）の性質”によっては規格要求事項のいずれかが適用不可能な場合に，7 章に限り，そのような要求事項の“除外”を考慮することができるとの記述があった。ただ，“除外”を行うことが，顧客要求事項及び適用される法令・規制要求事項を満たす製品を提供するという組織の能力又は責任に何らかの影響を及ぼすものであるならば，この規格への適合の宣言は受け入れられないと記述されていた。その記述を受けて，特定のシステムを行使する必要がない場合は，そのシステムをマネジメントシステムから除外することができた。例えば，「7.6」節の要求事項である“監視機器及び測定機器の管理”では，サービス分野においてはそのような機器を活用することは少なく，“除外”されることが多かった。

2015 年版では，“除外”という用語はなくなったが，この「**4.3**」節に“適用不可能”との要求事項が示された。基本的には，適用可能である要求事項はすべて適用が求められている。しかしながら，組織が自らの品質マネジメントシステム適用範囲で“適用が不可能”であることを決定したら，この規格の要求事項への正当性を示さなければならないとされている。その上で，適用不可能なことを決定した要求事項が，この規格の目的である“組織の製品及びサービスの適合並びに顧客満足の向上を確実にする組織の能力又は責任に影響を及ぼさない限り”，この規格への適合を表明してよいとされている。

ここで問題となるのは，“適用可能”と“適用不可能”との線引きをどうするかということである。すでに“はじめに”で述べたが，食品業界の安全リスクの考え方に，ゼロリスクを求めないという世界的な合意がある。人に害を与えない程度の“危害要因（人に危害を与える恐れのある物質)”が残存している場合のそれは“ゼロ”と判断されるのである。

ISO の規格でも“組織の製品及びサービスの適合並びに顧客満足の向上を確実にする組織の能力又は責任に影響を及ぼさない程度の適用可能性はゼロに等しい”と常識の範囲で考えればよいのであろう。この“適用不可能”と 2008 年版の“除外”とは採用できる範囲に違いはあるものの，その採用根拠の考え方は同一である。ゼロに等しい“適用可能性”のある，意味のない仕組みを導入しなくてもよいとの判断基準を持つのが適切であると考えられる。

4.4 品質マネジメントシステム及びそのプロセス

4.4.1 (プロセスの確立及びその運用)

組織は，この規格の要求事項に従って，必要なプロセス及びそれらの相互作用を含む，品質マネジメントシステムを確立し，実施し，維持し，かつ，継続的に改善しなければならない。

組織は，品質マネジメントシステムに必要なプロセス及びそれらの組織全体にわたる適用を決定しなければならない。また，次の事項を実施しなければならない。

a) これらのプロセスに必要なインプット，及びこれらのプロセスから期待されるアウトプットを明確にする。

b) これらのプロセスの順序及び相互作用を明確にする。

c) これらのプロセスの効果的な運用及び管理を確実にするために必要な判断基準及び方法（監視，測定及び関連するパフォーマンス指標を含む。）を決定し，適用する。

d) これらのプロセスに必要な資源を明確にし，及びそれが利用できることを確実にする。

e) これらのプロセスに関する責任及び権限を割り当てる。

f) **6.1** の要求事項に従って決定したとおりにリスク及び機会に取り組む。

g) これらのプロセスを評価し，これらのプロセスの意図した結果の達成を確実にするために必要な変更を実施する。

h) これらのプロセス及び品質マネジメントシステムを改善する。

[解　説]

ここでは，品質マネジメントシステムとプロセスの関係を述べている。というよりも，品質マネジメントシステムとプロセスアプローチに関して述べているといった方がよいであろう。プロセスの考え方は，94 年版に登場した。「プロセス」とは日本語で書けば「業務手順」のことである。プロセスアプローチは 20 年を超えて活用されながら，現段階でも，「プロセスアプローチ」とカタカナで書かれると難しさを感じてしまう。

この規格においても，プロセスアプローチが強調されている。“組織の事業プロセスへの品質マネジメントシステム要求事項の統合を確実にする”ことが組織経営の標準化である ISO 9001 にとっては当然のことである。“顧客の求める製品及びサービスを提供すること”が組織経営の目的であり，特定の製品あるいは特定のサービスをどのように準備し，どのように管理し，どのように顧客に届けるかが業務の中心であり，これがプロセスアプローチなのである。

これは組織経営の運用そのものであり，該当する組織のマネジメントシステムなのである。

実は，顧客に製品やサービスを適切に提供できている組織には，文書化された標準があるかないかは別にして，顧客に製品やサービスを適切に提供する標準ができている。プロセスアプローチは，組織の業務手順そのものである。

プロセスアプローチに関しては，この規格の「**序文**」及び「**附属書 A**」に記述されているが，どうも堅苦しい説明となっている。“プロセスアプローチとは，顧客の求める特定の製品あるいは特定のサービスをどのように準備し，どのように管理し，どのように顧客に届けるかの手順そのものである”と理解すればごくあたり前に理解できる。日本には“流れ図（フローダイアグラム）”（図 4.4.1–1）と“QC 工程表”（表 4.4.1–1）というプロセスアプローチの表現型がある。フローダイアグラムでは“プロセスアプローチ”の全体像が見られるが，管理に関しては見られない。QC 工程表では，フローダイアグラムも含めて“プロセスアプローチ”の全体像を見ることができる。

以下，「**4.4.1**」項では，プロセスアプローチを前述のごとく理解し，解説を進めていきたい。

a) これらのプロセスに必要なインプット，及びこれらのプロセスから期待されるアウトプットを明確にする。

プロセス（一つの業務手順）に必要なインプット（入ってくるもの；例：材料）とアウトプット（出ていくもの；例：調理食品）を明確にする。

b) これらのプロセスの順序及び相互関係を明確にする。

特定の製品及びサービスを提供する全体のプロセス（業務手順）には，数多くの下位の業務手順がある。その業務の順序と互いの業務の関係を明確にする必要がある。このプロセス全体の相互関係を示すものが，フローダイアグラムである。

c) これらのプロセスの効果的な運用及び管理を確実にするために必要な判断基準及び方法（監視，測定及び関連するパフォーマンス指標を含む。）を決定し，適用する。

プロセス全体の相互関係を示すものがフローダイアグラムであると前述したが，このフローダイアグラムに示された個別のプロセスを QC 工程表に転記し，管理が必要な個所に必要な判断基準及び監視，測定並びに関連するパフォーマンス（成果）指標を記入して管理するのである。

d) これらのプロセスに必要な資源を明確にし，及びそれが利用できることを確実にする。

これらのプロセス（業務）群を運用するために，人，もの，金，情報など必要な資源を提供して使えるようにすることが求められる。QC 工程表には，だれが，何を使って，何をするか

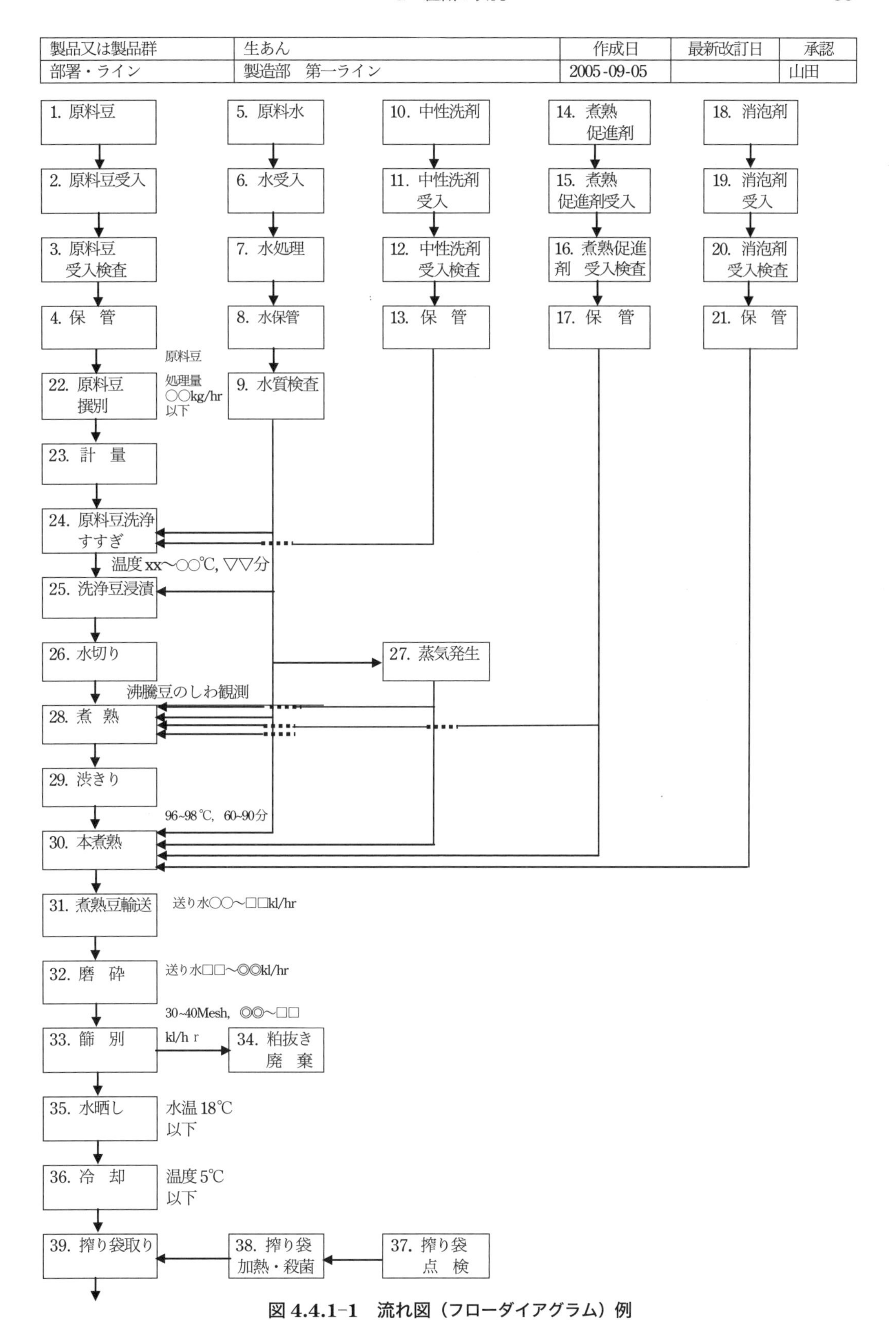

図 4.4.1-1　流れ図（フローダイアグラム）例

表 4.4.1–1　QC 工程表例

製品又は製品群		生あん			作成日	最新改訂日	承認
部署・ライン		製造部　第一ライン			2005-09-05		山田
工程	管理項目	管理基準	監視測定方法	管理者	修正・改善処置	運用手順書など	記録など
2. 原料豆受入	輸送中の水濡れ	水濡れ袋	目視	荷受け担当	水濡れ袋除去	原料受け入れ手順書	豆受入日誌
	輸送中の異物混入	概観状況点検	目視	荷受け担当	異物付着除去 異物突き刺さり袋除去	原料受け入れ手順書	豆受入日誌
28. 煮熟	豆の煮あがり状況	有資格者による豆の竹櫛刺し	目視	煮熟有資格者	煮熟継続	生あん煮熟手順書	運転日誌
	菌除去	加熱温度96℃以上，時間60 ～ 90 分維持	温度計及び時計監視	煮熟有資格者	煮熟継続	生あん煮熟手順書	運転日誌
29. 渋切り	特になし						

が示されている。

e) これらのプロセスに関する責任及び権限を割り当てる。

これらのプロセス（業務手順）群を運用するための責任者及びその権限を明確にすることが求められる。QC 工程表には，だれが，何に責任を持つかが示されている。

f） **6.1** の重要求事項に従って決定したとおりにリスク及び機会に取り組む。

特定の製品及びサービスを安定して提供する一連のプロセス（業務）を構築する際には，当然のことながら，計画どおりの結果が出ない場合がある（リスクがあるという）。組織の能力が十分にあるのか（「**4.1**」の課題）あるいは利害関係者のニーズ及び期待は正しく理解されているのか（「**4.2**」の課題）を考え，PDCA を考慮しながら改善をし，運用していくことが求められる。

g) これらのプロセスを評価し，これらのプロセスの意図した結果の達成を確実にするために必要な変更を実施する。

それぞれのプロセス（業務手順）の運用状況を監視及び測定してその結果を評価し，結果を達成することを確実にするために，必要な場合はプロセスを変更することが求められる。

h) これらのプロセス及び品質マネジメントシステムを改善する。

プロセス及び品質マネジメントシステムが目的を達成していなければ，それを改善することが求められる。

ここで，前記のプロセスの必要要素と本節末尾に例示してある「流れ図」及び「QC 工程表」との関連を述べてみたい。

表 4.4.1–2 「4.4.1 項」のプロセス必要要件と「流れ図」及び「QC 工程表」との関連

流れ図あるいは QC 工程表	プロセス必要要件包含状況
流れ図	a), b)
QC 工程表	a), b), c), d), e), f), g), h)

4.4.2

組織は，必要な程度まで，次の事項を行わなければならない。

a) プロセスの運用を支援するための文書化した情報を維持する。

b) プロセスが計画どおりに実施されたと確信するための文書化した情報を保持する。

［解　説］

組織は，必要な程度まで，次の事項を行わなければならない。

a) プロセスの運用を支援するための文書化した情報を維持する。

「**4.4.1**」項に関しては，“組織は，プロセスの運用を支援するために必要とする程度の文書化した情報を維持する，すなわちプロセスの運用に関する文書化した情報を活用できるようにする”ことが求められている。QC 工程表が手順書そのものである。（本書附属書 A「**A.6　文書化した情報**」参照。手順書に相当する情報の管理は「**7.5**」節参照）

b) プロセスが計画どおりに実施されたと確信するための文書化した情報を保持する。

プロセスが計画どおりに実施されたという確信をもつために必要な程度の，文書化した情報を保持すること，すなわち記録に相当する情報を保管することが求められている。QC 工程表に必要な記録を明示しておくとよい。（本書附属書 A「**A.6　文書化した情報**」並びに解説参照。記録に相当する情報の管理は「**7.5**」節解説〈p.88〉参照。）

「流れ図（フローダイアグラム）」及び「QC 工程表」は，手順書として「**7.5.3**」項に基づき必要な職場に配布する必要があるが，「QC 工程表」は原料受け入れから製品の配送までの全体の「QC 工程表」を個々の現場に配布すると，業務では使用されないものになる危険性がある。「QC 工程表」を現場に配布するときには，該当現場ごとに分割して配布すれば仕事に直接結びつくので，活用される「QC 工程表」になるであろう。「流れ図」は「QC 工程表」に引用されていることから，必要であれば全体のものを現場に配布してもよいであろう。その際の管理は「**7.5.3**」項に基づいて実施されねばならない。

5. リーダーシップ

5.1 リーダーシップ及びコミットメント

5.1.1 一般

トップマネジメントは，次に示す事項によって，品質マネジメントシステムに関するリーダーシップ及びコミットメントを実証しなければならない。

a) 品質マネジメントシステムの有効性に説明責任（accountability）を負う。

b) 品質マネジメントシステムに関する品質方針及び品質目標を確立し，それらが組織の状況及び戦略的な方向性と両立することを確実にする。

c) 組織の事業プロセスへの品質マネジメントシステム要求事項の統合を確実にする。

d) プロセスアプローチ及びリスクに基づく考え方の利用を促進する。

e) 品質マネジメントシステムに必要な資源が利用可能であることを確実にする。

f) 有効な品質マネジメント及び品質マネジメントシステム要求事項への適合の重要性を伝達する。

g) 品質マネジメントシステムがその意図した結果を達成することを確実にする。

h) 品質マネジメントシステムの有効性に寄与するよう人々を積極的に参加させ，指揮し，支援する。

i) 改善を促進する。

j) その他の関連する管理層がその責任の領域においてリーダーシップを実証するよう，管理層の役割を支援する。

注記 この規格で“事業”という場合，それは，組織が公的か私的か，営利か非営利かを問わず，組織の存在の目的の中核となる活動という広義の意味で解釈され得る。

［解　説］

本項は品質マネジメントシステムにおけるトップマネジメント（最高責任者；個人またはグループ：以下，経営者層という）の役割を規定している。ここで記述されている事項は，経営者層が組織で実現されるように約束し，導いていかねばならないのである。

今から約20年以上前であったが，筆者はISO 9001の審査資格を取得した。その頃は日本には審査員資格取得制度がなく，英国での資格を取得した。その時の研修テキストに，“経営者が本気で取り組まない業務に真剣に取り組む従業員はいない”と書かれており，英国でもそうなのかと深い印象を受けた。そのことが，経営者のリーダーシップなのであろうと考えている。ただ，経営者層は“考える人”である。“今日の手を打つ人”ではない。“将来の打つ手を考える人”である。したがって，極力権限を部下に委譲して行動を起こさせる必要がある。組織においてのリーダーとしての役割は経営者層にあることは当然のことであるが，経営者層から権限を移譲された各リーダーにもその責任がある。組織はその目的達成のために，経営者層に始まり，各リーダーが組織を導き，約束を達成していかねばならない。

そもそも品質マネジメントシステムの目的は，“顧客が要求し，かつ必要な法令・規制要求事項を満たす製品及びサービスを安定して供給できる能力を持ち，顧客満足を向上していくこと”にある。組織とは，公的組織であるか，営利組織か非営利組織かを問わず，組織の存在の中核となる活動はそのことにある。この「**5.1.1**」項では“注記”で，このことを“事業”というとされている。すなわち品質マネジメントシステムは，組織の中核的役割を担う“事業”を行うためのものである。この規格は組織経営目的の中心的役割を担うものであり，そのことが，この規格と他のマネジメントシステムとの役割の違いである。

組織は“事業”を行うためにあり，“事業”を行わなければ組織は存在しない。品質マネジメントシステムは“事業”を行うためにあり，事業を導いていくのは，当然のことながら“経営者層を含むリーダー層”の役割である。その役割が，本項「**5.1.1**」で要求されている。

経営者層とは，個人またはマネジメント集団である。リーダーは各階層にもいる。経営者層もリーダーも個人でも役割は果たすが，当然のことながら，細部の業務にわたっては権限委譲が行われるわけで，それぞれの部署で適切に事業が行われていることがトップマネジメントのリーダーシップの実証であると考えられる。

「**5.1.1**」項の各項目に関して，経営者層の立場から解説する。

a)　品質マネジメントシステムの有効性に説明責任（accountability）を負う。

品質マネジメントシステムの目的は，“該当する組織が，顧客が要求し，かつ，必要な法令・規制を満たしている製品及びサービスを安定して供給できる能力を持ち，顧客満足を向上させていくことができること”にある。このことを達成できるということは，品質マネジメントシステムが有効であるという証拠である。経営者層は目的を達成できる仕組みを作り，確実な運用をさせていけばよいわけで，その結果は「**9.3　マネジメントレビュー**」で評価し，品質マネジメントシステムが有効でないと評価するときには，その原因を明確にして，改善をさせていくことの責任を負うのである。

b)　品質マネジメントシステムに関する品質方針及び品質目標を確立し，それらが組織の状況及び戦略的な方向性と両立することを確実にする。

品質方針及び品質目標を確立し，ともに，組織の状況及び戦略的な方向性と両立しなければならないと要求している。

組織の状況とは，組織の内部及び外部の課題並びに利害関係者のニーズと期待のことであり，“組織の戦略的な方向性”とは，目的を達成するために計画した手段のことである。これらが品質方針及び品質目標とが矛盾してはならないと規定しているのである。

ただ，品質方針は経営者層が確立するのであろうが，品質目標は経営者層が確立してもよいが，品質方針を枠組みとして，各リーダーが具体的に確立していけばよいであろう（「**5.2.1**」項参照）。

c） 組織の事業プロセスへの品質マネジメントシステム要求事項の統合を確実にする。

冒頭の“はじめに”でも述べたが，組織の事業プロセスへの品質マネジメントシステム要求事項の「統合を確実にする」とは，組織が使用している現実の業務手順と品質マネジメントシステムとを一致させねばならないということである。品質マネジメントシステムの2本立てはやめてほしい，ということである。

かつては，品質マニュアルが品質マネジメントシステムの要求事項をそっくり写したようなものがあり，事業の業務手順と品質マネジメントシステム要求事項が不整合なものも見られた。しかしながらISO 9001：2000が制定され，規格の序文に“品質マネジメントシステムの構造の均一化又は文書の画一化が，この規格（ISO 9001：2000）の意図ではない”と記述されて以降，組織の業務手順をその品質マネジメントシステムの手順と置き換える組織も増加してきた。

しかしながら，現時点でも，組織の事業プロセスと品質マネジメントシステム要求事項の統合を確実にしている組織は多くはない。このままではいけないというのが，この要求事項におけるISOの願いであろう。“組織の業務手順を品質マネジメントシステムにしてほしい。その上で，ISO 9001の要求事項と比較して過不足の部分があればそれを削除したり，追加したりして組織の品質マネジメントシステムとしてほしい”ということである。実は，組織にとってもこのことは非常に利点が多いのである。このことは，業務運用面でも大変好ましいことである。現在，組織が実施していることを組織の品質マネジメントシステムにするのであるから，従来，品質マネジメントシステムとは別に行っていた組織の内部及び外部の課題，利害関係者のニーズと期待並びにリスク及び機会への取り組みなどが品質マネジメントシステムとして体系的に実施できるようになるので，運用が非常に楽になるのである。すでにこのことが実施されている組織はよいが，組織の重要な業務手順であるこの**c）**の項目を，経営者層は各リーダー層にも徹底させるべきである。このことが推進されているということは，リーダーシップの実証の一つである。

d） プロセスアプローチ及びリスクに基づく考え方の利用を促進する。

プロセスアプローチに関しては，すでに，「緒言2.」の「6）プロセスアプローチをどう考えるか」（p.13）及び「**4.4　品質マネジメントシステム及びそのプロセス**」（p.51）で解説した。一方，リスクに基づく考え方も「緒言2.　ISO 9001：2015年版の特徴」で述べた。組織運営の中では，想定外の事態が生ずることであるリスクそのものは無数にある。しかしながら，そ

の中から組織にとって大切なものは何か，何を守るべきかを考えて対応する，との考え方を明確にして運用すればよいのである。

プロセスアプローチ及びリスクに基づく考え方は，ともに肩肘を張りたくなるテーマであるが，平常心で取り組み，継続的改善の心で進めていけばよいのである。経営者層は各リーダーにそのことを徹底させることが大切である。

e)　品質マネジメントシステムに必要な資源が利用可能であることを確実にする。

確かに，品質マネジメントシステムに必要な資源が利用可能であることを確実にするのは大切なことである。しかしながら，“カイゼン”の思想を忘れてはいけないのである。従業員の知的資源活用である。金がないからできないのではない。“知恵を出させる”ことが大切である。経営者層はその観点で各リーダーにリーダーシップを発揮させる必要がある。もちろん，必要な資源はタイムリーに利用可能にしなければならない。

f）　有効な品質マネジメント及び品質マネジメントシステム要求事項への適合の重要性を伝達する。

有効な品質マネジメント（品質に関して組織を指揮し，管理する活動）を実施し，品質マネジメントシステム要求事項への適合はIS 9001の基本である。経営者層は日ごろから各リーダーにそのことを指導し，その考え方を組織内に徹底すべきである。

g)　品質マネジメントシステムがその意図した結果を達成することを確実にする。

組織の業務手順でもって品質マネジメントシステムを構築し，ISO 9001の要求事項と比較して不足の部分があれば必要な要素を追加し，過剰なものを削減して組織の品質マネジメントシステムとして構築すれば，容易に意図した結果を達成できるようになる。経営者層の決断とリーダーシップが大切である。

h)　品質マネジメントシステムの有効性に寄与するよう人々を積極的に参加させ，指揮し，支援する。

これは，採用した従業員に対して各リーダーに教育訓練をさせて，品質マネジメントシステムの有効性に寄与するような人々に育てていかせるべきものである。そのために，経営者層による各リーダーの育成が大切なのである。人々を積極的に参加させるには，各リーダーがその人々が大切な仲間であるという意識をもち，接するようにする必要がある。

i）　改善を促進する。

品質マネジメントシステムに不備が発生した時は，その原因を突き止めて改善を進めるように各リーダーを指導することが求められる。これは，採用した従業員に対して各リーダーに教

育訓練をさせていくべきものである。そのためには，各リーダーの育成が大切である。

j） その他の関連する管理層がその責任の領域においてリーダーシップを実証するよう，管理層の役割を支援する。

経営者層は部下の育成が大切なのである。極力権限を委譲して，部下に行動を起こさせる必要がある。

5.1.2 顧客重視

トップマネジメントは，次の事項を確実にすることによって，顧客重視に関するリーダーシップ及びコミットメントを実証しなければならない。

a) 顧客要求事項及び適用される法令・規制要求事項を明確にし，理解し，一貫してそれを満たしている。

b) 製品及びサービスの適合並びに顧客満足を向上させる能力に影響を与え得る，リスク及び機会を決定し，取り組んでいる。

c) 顧客満足向上の重視が維持されている。

[解　　説]

この項は，顧客重視に関する，経営者層が発揮すべきリーダーシップと約束を実証することの要求事項を述べている。

顧客満足の定義は，ISO 9001：2008 では“顧客の要求事項が満たされる程度に関する顧客の受け止め方”とされており，決して大満足の達成を求めていないように言われていた。また，ISO 9000：2015 年版の定義でも“顧客の期待が満たされている程度に関する顧客の受け止め方”とされており，決して大満足を求めないような定義になっている。

しかしながら，ISO 9000：2015 年版における「品質マネジメントの原則」の“顧客重視”の説明は，“品質マネジメントの主眼は，顧客の要求事項を満たすこと及び顧客の期待を超える努力をすることにある”とされ，JIS Q 9000：2015 用語の定義の顧客満足：**注記 1** に“製品又はサービスが引き渡されるまで，顧客の期待が，組織に知られていない又は顧客本人も認識していないことがある。顧客の期待が明示されていない，暗黙のうちに了解されていない又は義務として要求されていない場合でも，これを満たすという高い顧客満足を達成することが必要なことがある”とされている。また「品質マネジメントの原則」における顧客重視の用語の定義は，2005 年版と 2015 年版とは同一であり，品質マネジメントの主眼は顧客の要求事項を満たすこと及び顧客の期待を越える努力をすることにあるとされている。

一方，同規格の**注記 3** で述べられているように，顧客要求事項が顧客と合意され，満たされている場合でも，それが必ずしも顧客満足度が高いことを保証するものではないとされている。また，同規格の**注記 2** では，顧客苦情がないことは，必ずしも顧客満足が高いことを意味するわけではないとされている。競争社会においては，必ずしも顧客の期待が満たされている程度では十分でないことを示している。

経営者層は，次のことに関してはリーダーシップと約束を確実に実行することが求められる。

a) 顧客要求事項及び適用される法令・規制要求事項を明確にし，理解し，一貫してそれを満たしている。

顧客要求事項を満たすことは非常に重要なことである。一方，適用される法令・規制要求事項が満たされていることは最低限の要求事項であり，トップマネジメントとしてはこのことを満たすようにさせねばならない。

b) 製品及びサービスの適合並びに顧客満足を向上させる能力に影響を与え得る，リスク及び機会を決定し，取り組んでいる。

常に，「**4.1　組織及びその状況の理解**」及び「**4.2　利害関係者のニーズ及び期待の理解**」を考慮に入れながら，顧客満足の向上に影響を与え得るリスク及び機会を想定して手を打っていかねばならないのである。

例えば，組織内の資源不足で納期に遅れるとか，顧客が求める納入増に対して組織の能力不足から対応できないといったことを発生させないようにすることが大切である。

c) 顧客満足向上の重視が維持されている。

事業として製品及びサービスを提供する際には，常に，顧客満足を向上させるということを重視して行動しなければならない。そのために，常日頃から組織内に顧客重視の意識を徹底するようにしなければならない。

5.2　方針

5.2.1　品質方針の確立

トップマネジメントは，次の事項を満たす品質方針を確立し，実施し，維持しなければならない。

a) 組織の目的及び状況に対して適切であり，組織の戦略的な方向性を支援する。

b) 品質目標の設定のための枠組みを与える。

c) 適用される要求事項を満たすことへのコミットメントを含む。
d) 品質マネジメントシステムの継続的改善へのコミットメントを含む。

[解　説]

トップマネジメントが確立し，実施し，維持する品質方針は，次のような内容を包含していることが求められる。

a) 組織の目的及び状況に対して適切であり，組織の戦略的な方向性を支援する。

品質方針は組織の目的及び状況に対して適切であり，組織の戦略的な方向性を支援するものでなければいけないと言っているのである。

組織の目的とは，ここでは品質マネジメントシステムの目的であり，“顧客が要求しかつ必要な法令・規制を満たしている製品及びサービスを安定して供給できる能力を持ち，顧客満足を向上させていくこと”である。組織の状況とは，組織の内部及び外部の課題，利害関係者のニーズと期待に対応していくことである。

一方，方針は，組織の戦略的な方向性を支援するもの，すなわち，目的を達成するための計画した手段を支援するものでなくてはならないといっているのである。

b) 品質目標の設定のための枠組みを与える。

品質方針は組織の進むべき方向を示しているのである。その組織を運営していくためには，いつまでに，何を，どのように達成していくかを具体的に決めねばならない。これを「目標」という。その目標は，組織が進むべき方向である方針と整合性が取れていなければならない。したがって，方針は目標設定及びレビューの枠組みを示しているのである。

<品質方針と目標設定及びレビューのための枠組みとは>

以下に，ビスケット製造販売業における品質方針の設定を例にして，上記要求事項を解説してみる。

品質方針の設定にあたっては，まず，どのような顧客がいるのか，それらの顧客がどのような要望（要求事項）を持っているかを把握することから始める必要がある。その上で，当社は，その顧客に，どのようなビスケットを提供したいのかを明確にする。さらに，その製品をどのようにして顧客の所まで届けるのかを明確にする必要がある。その結果を踏まえて品質方針を確立していくのである。その際，この規格の「4.1　組織及びその状況の理解」および「4.2　利害関係者のニーズ及び期待の理解」を考慮する必要がある。

(1) 当社は安全でおいしいビスケットを安定的に供給することで，お客様に対して安心感と信頼感を与え，会社を発展させて，社会に貢献する。その結果として，適切な利潤を確保する。
(2) 企業運営にあたってはISO 9001のマネジメントシステムを取り入れて行い，常にこのシステムをレビューし，課題があれば常に改善することにより，マネジメントシステムの継続的な改善を行う。

上記の品質方針には，次のような目標設定及びレビューのための枠組みが示されている。その範囲を考慮して目標を構築していく必要がある。

(1) 安全なビスケットの提供
(2) おいしいビスケットの提供
(3) 安定供給
(4) お客様への安心感の付与
(5) お客様への信頼感の付与
(6) 適切な利潤を確保
(7) 企業運営のための品質マネジメントシステム要求事項の取り込み

c) 適用される要求事項を満たすことへのコミットメントを含む。

製品及びサービスを提供する際に必要な要求事項を確実に満たしていく約束，例えば，法令・規制要求事項や顧客との約束事を達成する内容を品質方針の中に含んでいなければならないといっているのである。

d) 品質マネジメントシステムの継続的改善のコミットメントを含む。

品質マネジメントシステムを構築することは，現在において最良と考えられるものを作るのであるが，将来においても最良であるとの保証はない。したがって，その品質マネジメントシステムが最適な結果をもたらすとの保証はないわけで，仮に，そのシステムの運用中に課題が見つかれば，その原因を追究して改善していかねばならない。これを継続的改善という。継続的改善とは，絶え間なく改善することではない。課題が見つかった時に，その原因を追究して改善していくことである。この継続的改善の約束事が方針に含まれていなければならないと言っているのである。

5.2.2　品質方針の伝達

品質方針は，次に示す事項を満たさなければならない。

a)　文書化した情報として利用可能な状態にされ，維持される。

b)　組織内に伝達され，理解され，適用される。

c)　必要に応じて，密接に関連する利害関係者が入手可能である。

[解　　説]

品質方針は組織の進むべき目的を示しており，かつ，目標設定及び達成状況のレビューの枠組みを示すものである。社内において確実な伝達を行う必要があると同時に，外部利害関係者にも必要に応じて提示する必要がある。

品質方針は次のような管理が求められる。

a)　文書化した情報として利用可能な状態にされ，維持される。

品質方針は，従業員が目標を設定するとき及び目標の達成状況を評価するときに利用できるようにすることが求められている。そのため，文書化して関係者がいつでも見ることができるようにしなければならない。品質方針は文書化することが求められており，文書として「**7.5**」節に従う管理が必要となる。

b)　組織内に伝達され，理解され，適用される。

品質方針を組織内に掲示したり，伝えたりして，組織の全員が理解できるようにして，目標を設定するとき及び目標の達成状況を評価するときに利用できるようにすることが求められている。

c)　必要に応じて，密接に関連する利害関係者が入手可能である。

利害関係者が品質方針を求めてきたとき，商売上有利になるときには提供することができるようにしておくことが求められている。ただ，その利害関係者が当該組織のライバルである場合もあり，提供したくなかったらしなくてもよいのである。

5.3　組織の役割，責任及び権限

トップマネジメントは，関連する役割に対して，責任及び権限が割り当てられ，組織内に伝達され，理解されることを確実にしなければならない。

トップマネジメントは，次の事項に対して，責任及び権限を割り当てなければならない。

a) 品質マネジメントシステムが，この規格の要求事項に適合することを確実にする。

b) プロセスが，意図したアウトプットを生み出すことを確実にする。

c) 品質マネジメントシステムのパフォーマンス及び改善（**10.1** 参照）の機会を特にトップマネジメントに報告する。

d) 組織全体にわたって，顧客重視を促進することを確実にする。

e) 品質マネジメントシステムへの変更を計画し，実施する場合には，品質マネジメントシステムを“完全に整っている状態”（integrity）に維持することを確実にする。

［解　　説］

トップマネジメントは，関連する役割に対して責任及び権限を割り当て，組織内に理解できるように確実に伝達しなければならない。そのために，トップマネジメントは，次の事項に対して責任及び権限を割り当てなければならない。

a) 品質マネジメントシステムが，この規格の要求事項に適合することを確実にする。

組織の品質マネジメントシステムが，この規格の要求事項に確実に適合するように責任を持つ者を指名しなければならない。2008年版までは，トップマネジメントが「管理責任者」と呼ぶ責任者を組織の管理層から任命しなければならないという要求事項があった。必ずしも一名である必要はなかったが，正副を決めていることが多かった。その「管理責任者」がISO 9001運用を総括していた。

しかしながら，2015年版からはこの「管理責任者」制度がなくなった。もちろん，組織で「管理責任者」を任命することに問題はない。組織全体を把握することができる者がいれば，この役割には相応しいのである。ただ，全てを「管理責任者」に任せきりにすることもあり，この制度が規格上からはなくなったのである。

b) プロセスが，意図したアウトプットを生み出すことを確実にする。

プロセスが意図したアウトプットを達成できるような力量を考慮して責任権限を割り当てねばならない。この責任権限は該当プロセス（業務）の責任者がよいと考えられる。

c) 品質マネジメントシステムのパフォーマンス及び改善（**10.1** 参照）の機会を特にトップマネジメントに報告する。

責任権限を与えられた者には，品質マネジメントシステムのパフォーマンスや改善の機会を上位職や，特にトップマネジメントへは報告させるようにしなければならない。中程度の組織では「管理責任者」のような立場の人がふさわしいと思われるが，大きな組織では部門長が適切であろう。

> **d)** 組織全体にわたって，顧客重視を促進することを確実にする。

この役割も，中程度の組織では「管理責任者」のような立場の人がふさわしいと思われるが，大きな組織では部門長が適切であろう。

> **e)** 品質マネジメントシステムへの変更を計画し，実施する場合には，品質マネジメントシステムを“完全に整っている状態”（integrity）に維持することを確実にする。

品質マネジメントシステムの変更が計画され，実施される場合には，資源を準備し，品質マネジメントシステムが“完全に整っている状態（integrity）”で変更を推進するようにさせねばならない。

この役割は，d）で述べた立場の人が適切と考えられる。

6. 計　　画

6.1 リスク及び機会への取組み

6.1.1 （品質マネジメントシステムの計画策定）

> 品質マネジメントシステムの計画を策定するとき，組織は，**4.1** に規定する課題及び **4.2** に規定する要求事項を考慮し，次の事項のために取り組む必要があるリスク及び機会を決定しなければならない。
>
> **a)** 品質マネジメントシステムが，その意図した結果を達成できるという確信を与える。
>
> **b)** 望ましい影響を増大する。
>
> **c)** 望ましくない影響を防止又は低減する。
>
> **d)** 改善を達成する。

[解　　説]

品質マネジメントシステムの計画を策定するとき，すなわち，方針，目標及びその目標を達成するための活動を計画するときには，「**4.1**」で要求されている，意図した結果を達成する組織の能力に影響を与える外部及び内部の課題を明確にしなければならないのである。一方，「**4.2**」で要求されている顧客要求事項及び適用される法令・規制要求事項を満たした製品及びサービスを一貫して提供するときに，組織の能力に影響又は潜在的影響を与える品質マネジメントシステムに密接に関連する利害関係者，及びその要求事項を明確にしなければならないのである。その上で，それら情報の監視及びレビューが求められている。

4.1 及び **4.2** において，組織の課題や利害関係者の要求事項を監視し，レビューするためのマトリックスを提示した（表 4.1–1 及び表 4.2–1 参照）。そのような文書化した情報を保持して，組織としては一定の間隔でレビューし，そのリスクや機会を想定して必要な手を打つことが求められるのである。その際に，次の事項に視点をあててリスク及び機会を考慮するとよい。

a)　品質マネジメントシステムが，その意図した結果を達成できるという確信を与える。

大きな機会が想定できる情報，例えば，「**4.1**」の「表 4.1–1」における主力の A 製品は激しい競争にさらされているので，期待の F 製品を新たに投入して売上げ向上を図ることは，F 製品の現状を考えると意図した結果を達成できるという確信を与えるものである。

b)　望ましい影響を増大する。

望ましい影響を増大させると想定される情報，例えば，「**4.2**」の表 4.2–1 における主力の A 製品拡販を図るため，値上げを求めている原料供給者の Y 社から購買量を増やして，値上げの据え置きを求める動きは望ましい影響の増大が期待できるものである。

c)　望ましくない影響を防止又は低減する。

望ましくない影響を防止又は低減できると想定される情報，例えば，競合他社である Z 社が参入してきた W 販売店で仕入れ値の割引を条件に，取引量の増加を提示することは望ましくない影響を防止できると期待がもてるものである。

d)　改善を達成する。

改善につなげられると想定される情報，例えば，これまで取引のなかった X 社が営業の努力により新たな取引を検討してくれている。

6.1.2　（リスク及び機会の計画への取組み）

組織は，次の事項を計画しなければならない。

a)　上記によって決定したリスク及び機会への取組み

b)　次の事項を行う方法

　1)　その取組みの品質マネジメントシステムプロセスへの統合及び実施（**4.4** 参照）

　2)　その取組みの有効性の評価

リスク及び機会への取組みは，製品及びサービスの適合への潜在的影響と見合ったものでなければならない。

注記 1　リスクへの取組みの選択肢には，リスクを回避すること，ある機会を追求するためにそのリスクを取ること，リスク源を除去すること，起こりやすさ若しくは結果を変えること，リスクを共有すること，又は情報に基づいた意思決定によってリスクを保有することが含まれ得る。

注記 2　機会は，新たな慣行の採用，新製品の発売，新市場の開拓，新たな顧客への取組み，パートナーシップの構築，新たな技術の使用，及び組織のニーズ又は顧客のニーズに取り組むためのその他の望ましくかつ実行可能な可能性につながり得る。

[解　説]

組織は，「**6.1.1**」項で想定したリスク及び機会の情報に対して具体的な取り組みを計画しなければならない。

例えば，「**4.1**」節で取り組もうとしていた新製品に対して顧客から引き合いの申し込みが入ったので，生産増加の計画を立てることが考えられた。

a)　上記によって決定したリスク及び機会への取組み

上記の情報に基づいて，新製品生産（計画）検討の取り組みを開始した。

b-1)　その取組みの品質マネジメントシステムプロセスへの統合及び実施（**4.4** 参照）

上記製品の生産は，F 製品のラインに新しい K プロセスをつなぐと対応できることが判明したので，その方向で生産する計画を立てた。

b-2)　その取組みの有効性の評価

上記新ラインの有効性（計画した活動を実行し計画した結果を達成すること）は，5 バッチのテスト生産でその有効性を評価することにした。

リスク及び機会への取組みは，製品及びサービスの適合への潜在的影響と見合ったものでなければならない。

上記の新製品及び新ラインは，顧客との交渉の結果，その投入資源と十分に釣り合う程度であったので，K ラインの安定性に対する情報不足も考えられたが，監視測定を強化して，機会を追求するためにリスクを取ることにして実行することにした。

注記 1　リスクへの取組みの選択肢には，リスクを回避すること，ある機会を追求するためにそのリスクを取ること，リスク源を除去すること，起こりやすさ若しくは結果を変えること，リスクを共有すること，又は情報に基づいた意思決定によってリスクを保有することが含まれ得る。

［解　説］

この注記では，リスクの扱い方の対応が記載されている。

＊リスクを回避すること：対策の実行が困難なリスクの場合，そのリスクを抱えた状況を避けること。

＊ある機会を追求するためにそのリスクを取ること：リスクを覚悟して機会を狙うこと。

＊リスク源を除去すること：リスクを生じさせる潜在的要素を除くこと。教育訓練など。

＊起こりやすさ若しくは結果を変えること：リスクの発生頻度を低減させること。防災訓練など。

＊リスクを共有すること：他社との合意に基づいてリスクを分散すること。損害保険への加入など。

＊情報に基づいた意思決定によってリスクを保有すること：リスクにより起こりうる損失等が受容できる範囲であるため，リスクを保有すること。資源を用意して機会を狙うこと。

注記 2　機会は，新たな慣行の採用，新製品の発売，新市場の開拓，新たな顧客への取組み，パートナーシップの構築，新たな技術の使用，及び組織のニーズ又は顧客のニーズに取り組むためのその他の望ましくかつ実行可能な可能性につながり得る。

［解　説］

この注記では，「機会」への取組みの考え方が記載されている。「機会」への取組みとは，将来の発展に向けて新たな手を打っていくことである。当然のことながら，この活動には資源の準備が必要である。期待通りに進まなければ，リスクにつながる危険性をはらんでいるからである。

6.2 品質目標及びそれを達成するための計画策定

6.2.1 （品質目標の要件）

組織は，品質マネジメントシステムに必要な，関連する機能，階層及びプロセスにおいて，品質目標を確立しなければならない。

品質目標は，次の事項を満たさなければならない。

a) 品質方針と整合している。

b) 測定可能である。

c) 適用される要求事項を考慮に入れる。

d) 製品及びサービスの適合，並びに顧客満足の向上に関連している。

e) 監視する。

f) 伝達する。

g) 必要に応じて，更新する。

組織は，品質目標に関する文書化した情報を維持しなければならない。

[解　　説]

ここでは，品質目標に関する計画策定に関して必要な要素が述べられている。品質目標は品質マネジメントシステムに必要とされる，関連する機能，階層及びプロセスにおいて確立しなければならない。

なお，品質目標に関連して，「文書化した情報を維持すること」が求められている。文書化した手順の確立が求められているのである。「**7.5.3**」項に基づいての管理が求められる。

その品質目標は，次の事項が満たされていることが求められている。

a) 品質方針と整合している。

「**5.2.1　品質方針の確立**」のb）に，品質方針は“品質目標の設定のための枠組みを与える”とされている。したがって，品質方針と整合性がとれていることが求められるのである(「**5.2.1**」項参照)。

b) 測定可能である。

測定可能でないと，品質目標の達成度が判定できないからである。新製品及び新規サービスを提供できる“期間”も，達成度が判定できる目標である。

c) 適用される要求事項を考慮に入れる。

品質目標を策定する際にはどのような要求事項に対しての目標か，例えば，新製品の設計・開発か，新たな製造方法の提供か，などを考慮する必要がある。

d) 製品及びサービスの適合，並びに顧客満足の向上に関連している。

ISO 9001は，組織が提供する製品及びサービスに信頼感を与え，それによって顧客満足の向上を図ることを目指す規格である。そのような観点から品質目標を制定する必要がある。製品不適合率削減，納期短縮などは顧客満足向上につながる。

e) 監視する。

品質目標を確実に進めるためには，進捗状況を監視しなければならない。

f) 伝達する。

品質目標は管理者が一人で達成できるものではない。組織のメンバーが業務を正しく進めてくれた結果，その目標が達成できるのである。その内容及び進捗状況を関係者と共有してはじめて達成できるものである。関連する情報の伝達は大切である。

g) 必要に応じて更新する。

品質目標には，実は“リスク”と“機会”があり，管理が重要なのである。始動は“機会”を基にして，その達成の手段を考えて進めていくのである。しかしながら，当初の達成の手段が思うように進まず，投入資源に対して結果が思わしくなくなることがある。その場合は，目標の更新も必要になる。ただ，その段階では，なぜそのような状態になったのかの検討をして計画的に進めないといけないのである。

6.2.2 （品質目標の計画）

組織は，品質目標をどのように達成するかについて計画するとき，次の事項を決定しなければならない。

a) 実施事項

b) 必要な資源

c) 責任者

d) 実施事項の完了時期

e) 結果の評価方法

［解　説］

品質目標で大切なことは，どのように達成するかの計画を明確にすることである。「**6.2.1 g)**」でも述べたが，品質目標には“リスク”と“機会”があり，管理が重要なのである。はじめは“機会”を考えて，その達成の手段を検討して進めていくのである。

以下の事項が必要である。

a) 実施事項

何を，どのようにしたらよいのかの達成の手段を明確にする必要がある。

b)　必要な資源

達成手段を推進するには，人，もの，金などの資源が必要で，それらを明確にする必要がある。

c)　責任者

品質目標は，組織のメンバーが業務を通して達成していくものである。その進捗を指揮する責任者を明確にする必要がある。

d)　実施事項の完了時期

実施事項のうち，どの事項が，いつ完了するかの期限の計画が必要である。

e)　結果の評価方法

目標の結果が適切であるかどうかを評価する方法が必要である。いつの時点で評価するのか，なにを成果とするか，どのように評価するか，など。

6.3　変更の計画

組織が品質マネジメントシステムの変更の必要性を決定したとき，その変更は，計画的な方法で行わなければならない（**4.4** 参照）。

組織は，次の事項を考慮しなければならない。

a)　変更の目的，及びそれによって起こり得る結果

b)　品質マネジメントシステムの“完全に整っている状態”(integrity)

c)　資源の利用可能性

d)　責任及び権限の割当て又は再割当て

［解　　説］

「**6.2.2**」でも述べたが，品質目標で大切なのは，どのように達成するかの計画を明確にすることである。品質目標にも“リスク”と“機会”があり，その管理が重要なのである。はじめは“機会”を基にして，その達成の手段を考えて進めていくのである。これはプロセスアプローチの手法で進めていく。「**4.4**」を参照することになる。

しかしながら，当初の達成の手段が思うように進まず，投入資源に対して結果が思わしくなかったら，目標の変更が必要になる。ただ，その段階で，なぜそのような状態になったのかの検討をして計画的に進めないといけないのである。

組織は，目標の変更に際して，次の事項を考慮することが求められている。

a)　変更の目的，及びそれによって起こり得る結果

なぜ変更するのか，その結果はどうなるのかを明確にしなければならない。

b)　品質マネジメントシステムの“完全に整っている状態”(integrity)

品質目標を変更するときでも，品質マネジメントシステムは，組織全体としては適切に適用されなければならない。品質目標を変更するときでも，変更される部分はその一部であり，それによって品質マネジメントシステムが不具合になってはいけないのである。十分検討して，変更する部分を除いて“完全に整っている状態”で行われるように計画をしなければならない。品質マネジメントシステムが不具合になるのは，変更が行われる時が最も危険なのである。

c)　資源の利用可能性

品質目標を変更する際に，どのような資源が必要か，その資源は調達できるかを検討する必要がある。

d)　責任及び権限の割当て又は再割当て

品質目標の推進責任者が，現状のままでよいのか，変更する必要があるのかを検討しなければならない。

7. 支　援

7.1 資源

7.1.1 一般

組織は，品質マネジメントシステムの確立，実施，維持及び継続的改善に必要な資源を明確にし，提供しなければならない。

組織は，次の事項を考慮しなければならない。

a)　既存の内部資源の実現能力及び制約

b)　外部提供者から取得する必要があるもの

[解　　説]

ここでは「**4.1**」節及び「**4.2**」節での組織の状況を踏まえ，「**6**」章において計画した品質

マネジメントシステムを具体化していくための必要な資源を明確にしなければならない。かつ，その資源は，内部の資源のみではなく，外部からの資源をも考慮することが必要となるのである。そのために，次の事項を考慮することが求められている。

a)　既存の内部資源の実現能力及び制約

現在，組織内部で所有している資源を検討して，その資源のみで品質マネジメントシステムを具体化していけるのか，不十分なのかを検討しなければならないといっているのである。

b)　外部提供者から取得する必要があるもの

組織外の提供者から提供を受けなければならない資源を検討する必要があるといっているのである。製品を製造する原材料などは，外部提供者から提供を受けねばならない場合が多く，一部，技術も外部提供者から受けねばならないものもあるであろう。アウトソースは製造技術の提供を受ける例である（「**8.4**」節参照）。

7.1.2　人々

組織は，品質マネジメントシステムの効果的な実施，並びにそのプロセスの運用及び管理のために必要な人々を明確にし，提供しなければならない。

［解　　説］

ここでは，品質マネジメントシステムで事業に従事する人々の必要性を述べている。この場合に必要な人とは，その力量を所有する人とその数であり，そのような人々の提供である。

7.1.3　インフラストラクチャ

組織は，プロセスの運用に必要なインフラストラクチャ，並びに製品及びサービスの適合を達成するために必要なインフラストラクチャを明確にし，提供し，維持しなければならない。

注記　インフラストラクチャには，次の事項が含まれ得る。

a)　建物及び関連するユーティリティ
b)　設備。これにはハードウェア及びソフトウェアを含む。
c)　輸送のための資源
d)　情報通信技術

[解　説]

この項は，必要なインフラストラクチャの提供を求めた要求事項である。インフラストラクチャの一般名詞としての意味は，“道路・鉄道・港湾・ダム”などの産業基盤となる社会資本のことであり，さらには，“学校・病院・公園・社会福祉施設”などの生活関連の社会資本も含めるものであって，恒久的な基幹施設をいうのである。このことからすると，この場合は組織の事業をしていくための“恒久的な基幹施設を連想する”。例えば，菓子を生産，販売する組織を考えてみると，“恒久的な基幹施設”としては，建屋，エネルギー供給施設（電気，水道，ガス，高圧空気など）を連想し，菓子製造に活用する焼却炉や包装機などはインフラストラクチャには含めないように考えがちである。

しかしながら，「**7.1.3**」項の事例を見ると，建屋やユーティリティに加えて，ハードウェア及びソフトウェアを含み，輸送のための資源，情報通信技術を例示していることから，ここでのインフラストラクチャは該当組織で共通に必要な施設，設備あるいは情報などが含まれていると考えるのが妥当である。

7.1.4　プロセスの運用に関する環境

組織は，プロセスの運用に必要な環境，並びに製品及びサービスの適合を達成するために必要な環境を明確にし，提供し，維持しなければならない。

注記　適切な環境は，次のような人的及び物理的要因の組合せであり得る。

a)　社会的要因（例えば，　非差別的，平穏，非対立的）

b)　心理的要因（例えば，　ストレス軽減，燃え尽き症候群防止，心のケア）

c)　物理的要因（例えば，　気温，熱，湿度，光，気流，衛生状態，騒音）

これらの要因は，提供する製品及びサービスによって，大いに異なり得る。

[解　説]

この項では，プロセスの運用ならびに製品及びサービスの適合を達成するために必要な，作業環境提供の要求事項が明示されている。その要求内容は社会的要因，心理的要因あるいは物理的要因があり，項末に記述されているように，提供する製品やサービスによって大いに異なるものである。それぞれの組織が事業の内容に合わせて，その環境を準備していかねばならない。

この中で，物理的要因は容易に理解できるものであり対応しやすいが，社会的要因や心理的要因は客観的な判定が難しいものである。例えば，要員の定着率が低い場合などは，審査でその原因が社会的要因や心理的要因に起因するのではないかとの質問がされた時に，従業員という資源の問題であり，客観的証拠をもって答えられる準備が必要であるとも考えられる。

このことに関しては，この規格の序文に「**4.2　利害関係者のニーズ及び期待の理解**」に関する利害関係者決定範囲に関して，附属書A「A.3　利害関係者のニーズ及び期待の理解」(p.31）に次のような記述がある。“この規格では，組織に対し，組織が自らの品質マネジメントシステムに密接に関連しないと決定した利害関係者を考慮することは要求していない。密接に関連する利害関係者の特定の要求事項が，自らの品質マネジメントシステムに密接に関連するかどうかを決定するのは，組織である。”

すなわち，組織が，この規格の要求事項を考慮して，自らの判断で適合していると決めたことに対して，そのことに根拠があれば，それは組織の権限として決めて実行してもらえばよいのである，というのがこの規格のひとつの考え方であると類推できる。したがって，「**7.1.4**」項に関しても，組織がその根拠をもって決定したことに関しては，根拠が妥当であればそれ以上の要求事項は組織に求められないといえる。

7.1.5　監視及び測定のための資源

7.1.5.1　一般

要求事項に対する製品及びサービスの適合を検証するために監視又は測定を用いる場合，組織は，結果が妥当で信頼できるものであることを確実にするために必要な資源を明確にし，提供しなければならない。

組織は，用意した資源が次の事項を満たすことを確実にしなければならない。

a)　実施する特定の種類の監視及び測定活動に対して適切である。

b)　その目的に継続して合致することを確実にするために維持されている。

組織は，監視及び測定のための資源が目的と合致している証拠として，適切な文書化した情報を保持しなければならない。

［解　説］

この項では，監視及び測定のための資源の支援に関する要求事項を規定している。まず，監視及び測定のための資源は製品及びサービスの要求事項への適合を検証する際に必要になるわけで，組織の事業において監視及び測定のための資源が必要かどうかを明確にしなければならない。もし必要であれば，その測定が信頼できるものであるためには，どのような資源が必要であるかを決めなければならない。そのうえで資源を提供しなければならないのである。もし，資源が必要と判断した時には次のようなものを提供しなければならない。

a)　実施する特定の種類の監視測定活動が確実に保証できること。例えば，温度を測定するには温度計が必要である。

b)　監視測定の目的に継続して確実に維持されること。そのためには，適切な標準機器を使用して適切な間隔で校正や検証を行わなくてはならない。

組織は，該当する監視及び測定のための資源が目的に合致していることの文書化した情報（記録など）を，証拠として保持しなければならない。何を測定するのか，どの範囲の数値を測定するのか，どの程度の精度が必要なのか，どこで，どの程度の間隔で，どのような校正をするのか，どこで，どの程度の間隔で，どのような検証が必要なのかなどが考えられる。

7.1.5.2 測定のトレーサビリティ

測定のトレーサビリティが要求事項となっている場合，又は組織がそれを測定結果の妥当性に信頼を与えるための不可欠な要素とみなす場合には，測定機器は，次の事項を満たさなければならない。

a) 定められた間隔で又は使用前に，国際計量標準又は国家計量標準に対してトレーサブルである計量標準に照らして校正若しくは検証，又はそれらの両方を行う。そのような標準が存在しない場合には，校正又は検証に用いたよりどころを，文書化した情報として保持する。

b) それらの状態を明確にするために識別を行う。

c) 校正の状態及びそれ以降の測定結果が無効になってしまうような調整，損傷又は劣化から保護する。

測定機器が意図した目的に適していないことが判明した場合，組織は，それまでに測定した結果の妥当性を損なうものであるか否かを明確にし，必要に応じて，適切な処置をとらなければならない。

［解　説］

日本では計量法に基づく，計量機器のトレーサビリティ制度があり，校正事業者登録制度と計量標準供給制度から成っている。この制度により，民間事業者の使用する機器の正確さを維持するものである。これは任意の制度である。

その制度は，まず経済産業大臣が校正事業者を登録（校正事業者登録制度）させ，さらに，国家計量標準（一次標準（jcss：特定標準器等又は特定標準物質）を指定する。そのうえで，独立行政法人産業技術総合研究所，日本電気計器検定所及び経済産業大臣が指定した指定校正機関に特定標準器等又は特定標準物質を用いて，登録校正事業者に対して計量標準（特定2次標準器）を供給させ，民間事業者や地方自治体等の機器の校正を行わせる制度があり，計量標準供給制度と呼ばれている。

登録校正事業者が行う校正に対しては，その校正記録にはJCSSマークを貼付できることになっている。このマークのある記録は，国家標準にトレーサビリティがとれていることが保証されている。一方，国家標準とトレーサビリティのとれている測定器を社内標準として，社内で校正または検証を行うことも，国家標準とトレーサビリティのとれた校正または検証である。

なお，標準物質も国家標準が指定されているものがある。例えば，pH 標準液にも“JCSS マーク入り”のものがあり，この標準液で校正または検証及び調整をすれば，国家標準とトレーサビリティがとれた校正または検証あるいは調整をしたことになる。

世界各国の計量標準機関が計量標準国際相互承認の取り決めを承認して，互いの計量標準の同等性を承認する制度があり，国際標準のトレーサビリティがとれる制度もある。

日本では，計量法によって消費生活に関連が深い商品などで，「特定商品」として指定されているもの（特に食品関連商品が多い）を測定する計量器は，県知事あるいは政令指定都市の長の行う検査を 2 年に一度受けなければ事業には使えない規定がある。この，県知事あるいは政令指定都市の長の行う検査は，国家標準にトレースできる校正に該当する。

> **a)** 定められた間隔で又は使用前に，国際計量標準又は国家計量標準に対してトレーサブルである計量標準に照らして校正若しくは検証，又はそれらの両方を行う。そのような標準が存在しない場合には，校正又は検証に用いたよりどころを，文書化した情報として保持する。

校正に関しては前述のとおりであるが，測定機器は，短期間の校正は困難であり，長期間に一度の校正で機器に異常が発見された場合は，対応が困難になる場合が多い。短期間に測定機器が正しく測れていることを知るために“検証”をすることが望ましい。温度の検証では，2 個の機器で差異がないことを確認したり，質量の検証では分銅を使い，正確な数値が出ていることを確認することで対応できる。

校正あるいは検証を実施した際には，その記録を保管することが必要である。記録にはその適否の表示，数値，実施者，実施日，必要なら実施時刻が必要である。

> **b)** それらの状態を明確にするために識別を行う。

校正実施の識別では，可能であれば機器そのものに，校正実施日，実施者，次回校正日を記録しておくとよい。機器そのものに記載できない場合は，保管容器やケース，あるいは文書化した情報を保持し，識別してもよい。

> **c)** 校正の状態及びそれ以降の測定結果が無効になってしまうような調整，損傷又は劣化から保護する。

校正後の測定機器は，測定結果が無効になるような調整や損傷による劣化から保護しなければならないことは当然のことであるが，特に，組織でその機器を社内標準器として活用する場合は，その保護には特に注意しなければいけない。

測定機器が意図した目的に適していないことが判明した場合，組織は，それまでに測定した結果の妥当性を損なうものであるか否かを明確にし，必要に応じて，適切な処置をとらなければならない。

測定器に異常が生じたときは，いつから異常が発生したのかを確定し，その異常による測定結果が妥当性を損なうものであったら，その異常となった機器は処置をとらねばならないし，異常な測定機器で測定された製品は，適切に処置しなければいけない。しかしながら，長期間に一度の校正で測定機器を管理している場合は，異常な測定機器で測定された製品の適切な処置の実施は困難である。このため，測定機器についてはできれば短期間での検証を実施することが大切である。

7.1.6 組織の知識

組織は，プロセスの運用に必要な知識，並びに製品及びサービスの適合を達成するために必要な知識を明確にしなければならない。

この知識を維持し，必要な範囲で利用できる状態にしなければならない。

変化するニーズ及び傾向に取り組む場合，組織は，現在の知識を考慮し，必要な追加の知識及び要求される更新情報を得る方法又はそれらにアクセスする方法を決定しなければならない。

注記 1 組織の知識は，組織に固有な知識であり，それは一般的に経験によって得られる。それは，組織の目標を達成するために使用し，共有する情報である。

注記 2 組織の知識は，次の事項に基づいたものであり得る。

a) 内部知識源（例えば，知的財産，経験から得た知識，成功プロジェクト及び失敗から学んだ教訓，文書化していない知識及び経験の取得及び共有，プロセス，製品及びサービスにおける改善の結果）

b) 外部の知識源（例えば， 標準，学界，会議，顧客又は外部提供者からの知識収集）

［解　　説］

この規格の目的は，“顧客要求事項及び適用される法令・規制要求事項を満たした製品及びサービスを一貫して提供する”ものである。このためには，組織の業務に携わる従業員はその目的に関連する知識が必要となる。その知識を基にして，業務に携わりながら力量を高めてこの規格の目的を達成していくのである。

組織でこれまでに培ってきた知識は，文書化されているかどうかは別として，プロセス（業務手順）の中に集大成されていると考えられる。したがって，極力，現在の業務手順はなんらかの形で維持し，活用できる形にしておくのが望ましいのである。一方，知識は時代とともに進歩していくし，顧客の新しいニーズにこたえていかねばならないので，現在，自組織にない，新しい知識を習得する方法を明確にしていかねばならない。

なぜ，このような要求事項が導入されたかというと，その目的は「**A.7　組織の知識**」(p.37）に記述されている。

a) 例えば，次のような理由による知識の喪失から組織を保護する。
- スタッフの離職
- 情報の取得及び共有の失敗

b) 例えば，次のような方法で知識を獲得することを組織に推奨する。
- 経験から学ぶ。
- 指導を受ける。
- ベンチマークする。

この「**7.1.6**」項には，このような組織の知識を維持し，高めていくための要求事項が次のように規定されている。なお，この「**7.1.6**」項は，2008年版にはない，全く新しい要求事項である。

(「緒言 2.」の 4）この規格はなぜ構成や用語が大きく変更されたのか」(p.8）及び「表　ISO 9001：2015 及び ISO 9001：2008 の要求項目対比表」(p.9）参照)。

> 組織は，プロセスの運用に必要な知識，並びに製品及びサービスの適合を達成するために必要な知識を明確にしなければならない。

組織は，プロセスの運用に必要な知識，並びに製品及びサービスの適合を達成するために必要な知識を整理することが求められる。その上で，これらの知識の中で，すでに文書化されているもの，OJTで維持されているもの及び運用が必要であるが，体系的にまとめられていないものに分類してリストアップすることが望ましい。

> この知識を維持し，必要な範囲で利用できる状態にしなければならない。

リストアップされた知識を文書化した情報にする必要があるものは，文書化した情報に維持し，必要な場合に利用できるようにしなければならない。

> 変化するニーズ及び傾向に取り組む場合，組織は，現在の知識を考慮し，必要な追加の知識及び要求される更新情報を得る方法又はそれらにアクセスする方法を決定しなければならない。

変化するニーズ及び傾向に取り組む必要がある場合，組織は，現在の知識を考慮し，必要な知識及び要求される更新情報を得る方法，またはそれらに利用する方法を決定する必要がある。

注記 1 組織の知識は，組織に固有な知識であり，それは一般的に経験によって得られる。それは，組織の目標を達成するために使用し，共有する情報である。

組織における知識というものは，組織がこれまでの経験をもとに築きあげてきたものが多い。それらは，これまでの失敗を解決することを通じて得てきたものや，成功の過程で得てきたものであり，これらは大変貴重なものである。集大成して活用していくのが望ましい。

注記 2 組織の知識は，次の事項に基づいたものであり得る。

a) 内部資源（例えば，知的財産，経験から得た知識，成功プロジェクト及び失敗から学んだ教訓，文書化していない知識及び経験の取得及び共有，プロセス，製品及びサービスにおける改善の結果）

b) 外部の知識源（例えば， 標準，学界，会議，顧客又は外部提供者からの知識収集）

上記には，組織の知識の事例が記述されている。

7.2 力量

組織は，次の事項を行わなければならない。

a) 品質マネジメントシステムのパフォーマンス及び有効性に影響を与える業務をその管理下で行う人（又は人々）に必要な力量を明確にする。

b) 適切な教育，訓練又は経験に基づいて，それらの人々が力量を備えていることを確実にする。

c) 該当する場合には，必ず，必要な力量を身に付けるための処置をとり，とった処置の有効性を評価する。

d) 力量の証拠として，適切な文書化した情報を保持する。

注記 適用される処置には，例えば，現在雇用している人々に対する，教育訓練の提供，指導の実施，配置転換の実施などがあり，また，力量を備えた人々の雇用，そうした人々との契約締結などもあり得る。

[解　説]

力量とは，“意図した結果を達成するために，知識及び技能を適用する能力”のことである。知識と技能を持っているだけでは力量とは言わず，それらを意図した結果達成のために適用できなければならないのである。

組織は，次の事項を行わなければならない。

a)　品質マネジメントシステムのパフォーマンス及び有効性に影響を与える業務をその管理下で行う人（又は人々）に必要な力量を明確にする。

品質マネジメントシステムの成果及び有効性に影響を及ぼす従業員に対する必要な力量を明確にすることを求めている。

b)　適切な教育，訓練又は経験に基づいて，それらの人々が力量を備えていることを確実にする。

それらの業務に影響を及ぼす従業員に，教育，訓練あるいはその業務の経験をさせて，必要な力量を身に付けさせる。

c)　該当する場合には，必ず，必要な力量を身に付けるための処置をとり，とった処置の有効性を評価する。

該当する業務に密接にかかわる要員には，必要な力量を身に付けられる処置をとり，とった処置の有効性を評価する。

d)　力量の証拠として，適切な文書化した情報を保持する。

必要な力量を有する証拠を文書化した情報で保持することが求められている。

表 7-2-1　力量を有する証拠文書例（技能棚卸表）

◎：指導できる，○：一人でできる，△：指導の下にできる，ー：当面担当しない

作業名／要員名	原材配合作業	成形作業	焼成管理作業	選別作業	包装機器管理作業	選別機器管理作業	選別梱包作業	設備管理作業
青森　伊知朗	○	◎	◎	△	ー	ー	ー	ー
秋田　治良	ー	ー	ー	ー	◎	○	○	◎
磐手　三郎	◎	◎	△	△	ー	ー	ー	ー
山縣　史郎	ー	ー	ー	ー	○	◎	◎	○
福嶋　呉朗	△		◎	◎	ー	ー	ー	ー
宮木　碌朗	ー	ー	ー	ー	△	◎	○	○

2015/10/1 現在；評価者：福岡　重郎

注記　適用される処置には，例えば，現在雇用している人々に対する，教育訓練の提供，指導の実施，配置転換の実施などがあり，また，力量を備えた人々の雇用，そうした人々との契約締結などもあり得る。

適用される処置は，例えば，現在雇用されている人々に対して教育訓練の提供，指導の実施，新しく採用した人々の配置転換などがあり，また，力量を備えた人々の雇用，そのような

人々との契約の締結もあり得る。

7.3 認識

組織は，組織の管理下で働く人々が，次の事項に関して認識をもつことを確実にしなければならない。

a) 品質方針

b) 関連する品質目標

c) パフォーマンスの向上によって得られる便益を含む，品質マネジメントシステムの有効性に対する自らの貢献

d) 品質マネジメントシステム要求事項に適合しないことの意味

[解　説]

組織で業務に携わっている人たちには組織の進むべき方向をよく理解させ，自らがいかにその組織に役立っているかを理解させることで組織と一体感をもって活動できるようになり，組織の発展に積極的に貢献できるのである。したがって，次のことを理解させることは大切なことである。

a) 品質方針

品質方針は，トップマネジメントによって正式に明らかにされた組織の事業の目的及び進むべき方向であり，自らの属する組織がどの方向に進むかを知ることで，自らの業務の意義が理解できる。

b) 関連する品質目標

目標は，自らの属する部署の業務の中で達成すべき成果であり，自らの業務の結果が直接影響することから，自らの業務の意義の理解ができる。

c) パフォーマンスの向上によって得られる便益を含む，品質マネジメントシステムの有効性に対する自らの貢献

自らの業務を適切に進めていくことによって組織の成果が向上し，組織が発展していくのであるが，それは品質マネジメントシステムが組織に役に立つものになっているからである。それは従業員の貢献によっているものである。そのことを教えることによって，自らの業務の意義が理解できる。

d) 品質マネジメントシステム要求事項に適合しないことの意味

この規格の目的は，“顧客要求事項及び適用される法令・規制要求事項を満たした製品及び

サービスを一貫して提供する”ものである。したがって，品質マネジメントシステム要求事項に適合しないこと，というのは，顧客に対しての重大な約束違反をしたことになる。それは，顧客の信頼を失い，組織が成り立たなくなり，従業員も，自らの業務を失うことにつながる。この重大な“要求事項に適合しないことの意味”を理解させることで，自らの業務の意義の重大さが理解できる。

7.4 コミュニケーション

> 組織は，次の事項を含む，品質マネジメントシステムに関連する内部及び外部のコミュニケーションを決定しなければならない。
>
> **a)** コミュニケーションの内容
>
> **b)** コミュニケーションの実施時期
>
> **c)** コミュニケーションの対象者
>
> **d)** コミュニケーションの方法
>
> **e)** コミュニケーションを行う人

[解　　説]

コミュニケーションの語源はラテン語で「分かち合う」を意味する communicare であるとされている。事業を進めていくには利害関係者があり，顧客，従業員がいて初めて成り立つ。すなわち，人と人の間で成り立つものである。そこでは，互いに情報をわかちあって初めて組織が成り立つのである。

a) コミュニケーションの内容

b) コミュニケーションの実施時期

c) コミュニケーションの対象者

d) コミュニケーションの方法

e) コミュニケーションを行う人

ここでは，まず組織は，次の事項に関して，品質マネジメントシステムにおける内部及び外部のコミュニケーションの内容を決定しなければならないと要求されている。

食品安全マネジメントシステム（ISO 22000）を例にしてその内容を引用し，内部及び外部コミュニケーションの要求事項を示し，参考に供する（表 7-4-1）。引用規格は，「ISO 22000 INTERNATIONAL STANDARD（国際規格）2005 年 9 月 1 日 第 1 版 英和対訳版 日本規格協会 編」

表 7-4-1　食品安全マネジメントシステムの外部コミュニケーション要求事項

5.6.1　外部コミュニケーション

食品安全に関する問題に対する十分な情報が，フードチェーン全体を通じて利用できるように，組織は，次の関係者とのコミュニケーションのための有効な取り決めを構築し，実施し，維持しなければならない。

a)　供給者及び請負契約者
b)　顧客，あるいは消費者と，特に製品の情報（意図した用途，特定の保管に関する要求事項及び，必要な場合は，保管期間に関する使用説明書を含む），照会，修正を含む契約又は注文の取扱い，並びに苦情を含む顧客のフィードバックに関すること
c)　法令・規制行政当局，及び
d)　食品安全マネジメントシステムの有効性又は更新に影響する組織，又は更新によって影響される他の組織

このようなコミュニケーションには，該当組織の製品が持つ，フードチェーン内の他の組織に関連ある食品安全の側面の情報を準備しなければならない。このことは，特に，フードチェーン内の他の組織によって管理される必要のある，既知の食品安全ハザードに当てはまる。記録は維持しなければならない。
法令・規制行政当局及び顧客からの食品安全関連要求事項を活用できるようにすること。

指名された者が，食品安全に関するいかなる情報をも，対外的に伝達する規定された責任と権限を持つようにしなければならない。外部とのコミュニケーションを通じて得られた情報は，システム更新及びマネジメントレビューへのインプットとして含めなければならない。

表 7-4-2 では，ISO 22000 における外部コミュニケーションと，この規格が要求する「**7.4**」節のコミュニケーションの対比表を示す。

表 7-4-2　コミュニケーションの ISO 9001：2015 と ISO 22000 外部要求事項との対比

ISO 9001：2015「7.4 節」の要求事項	ISO22000 外部要求事項
a)　コミュニケーションの内容	“供給及び請負契約”，“製品の情報，照会，修正などの契約又は注文”，“苦情”，“法令規制問い合わせ”，“マネジメントシステムの有効性，更新情報”
b)　コミュニケーションの実施時期	必要時期
c)　コミュニケーションの対象者	“供給者及び請負契約者”，“顧客及び消費者”，“法令規制当局など”
d)　コミュニケーションの方法	“面談による情報交換”，“文書化した情報の交換”
e)　コミュニケーションを行う人	“指名された担当窓口”，“総括責任者”

次に，ISO 22000 における内部コミュニケーション（表 7-4-3）と，この国際規格が要求する「**7.4**」節のコミュニケーションの対比表を示す（表 7-4-4）。

表 7-4-3　食品安全マネジメントシステムの内部コミュニケーション要求事項

5.6.2　内部コミュニケーション

組織は，食品安全に影響を与える問題を要員に伝達するための，有効な取り決めを構築し，実施し，維持しなければならない。

食品安全マネジメントシステムの有効性を維持するために，組織は，食品安全チームに，次のことを含めて，タイムリーに変更が伝えられることを確実にしなければならないが，これに限定する必要はない：

a)　製品又は新製品；
b)　原料，成分及びサービス；
c)　生産システム及び設備；
d)　生産場所，機器の配置，周囲の環境；
e)　清掃及び衛生計画；
f)　包装，保管及び配送システム；
g)　要員の資格レベル並びに／或は責任及び権限の割当；
h)　法令・規制要求事項；
i)　食品安全ハザード及び管理手段に関する知識；
j)　組織が注目している顧客，領域及びその他の要求事項；
k)　外部の利害関係者からの関連する問い合わせ；
l)　製品に関連した食品安全ハザードを示す苦情；
m)　食品安全に影響を与えるその他の周辺状況。

食品安全チームは，この情報が，食品安全マネジメントシステムの更新に含められることを確実にしなければならない。トップマネジメントは，関連情報がマネジメントレビューへのインプットとして含められることを確実にしなければならない。

ここでは，ISO 22000 における内部コミュニケーションとこの規格が要求するコミュニケーションの対比表を示す。

表 7-4-4　ISO 9001：2015 と ISO 22000 内部要求事項との対比

ISO 9001：2015「7.4 節」の要求事項	ISO 22000 内部要求事項
a）コミュニケーションの内容	“製品又は新製品”，“原料，成分及びサービス”“生産システム及び設備”，“生産場所，機器の配置，周囲の環境”，“清掃及び衛生計画”，“包装，保管及び配送システム”，“要員の資格レベルの責任及び権限の割当”，“法令・規制要求事項”，“食品安全ハザード及び管理手段に関する知識”，“組織が注目している顧客”，“領域及びその他の要求事項”，“外部の利害関係者からの関連する問い合わせ”，“製品に関連した食品安全ハザードを示す苦情”，“食品安全に影響を与えるその他の周辺状況”
b) コミュニケーションの実施時期	その都度
c) コミュニケーションの対象者	関連部署の従業員
d) コミュニケーションの方法	朝礼等定例会合
e) コミュニケーションを行う人	部門責任者

7.5 文書化した情報

7.5.1 一般

組織の品質マネジメントシステムは，次の事項を含まなければならない。

a) この規格が要求する文書化した情報

b) 品質マネジメントシステムの有効性のために必要であると組織が決定した，文書化した情報

注記 品質マネジメントシステムのための文書化した情報の程度は，次のような理由によって，それぞれの組織で異なる場合がある。

— 組織の規模，並びに活動，プロセス，製品及びサービスの種類

— プロセス及びその相互作用の複雑さ

— 人々の力量

[解　説]

この節には“文書化した情報”という用語がある。2008年版までは“文書管理”と“記録の管理”に分かれていたのであるが，この規格からは“文書管理”及び“記録の管理”という要求事項はなくなり，“文書化した情報”に変わった。これは“Annex SL”に基づく他のマネジメントシステム規格との構成と用語の統一のためであり，“文書化した情報”との要求事項が登場した（緒言2.　4）（p.8），附属書A　A.6（p.34）参照）。

“文書化した情報”は，一般的には接尾語が“維持する”となっていれば2008版の“文書”管理であり，“保持する”となっていれば2008版の“記録”である。しかしながら，この国際規格では“情報を管理すること”に重点が置かれたために，例えば「**4.1**」節及び「**4.2**」節では，“組織は，これらの～～～情報を監視し，レビューしなければならない”とあり，この情報を文書化することを要求していない。このような状況下では，文書化した情報を維持することが必要かまたは適切かに関しては，組織が決定することができる（附属書A　A.1（p.29），A.6（p.34）参照）。

本書の「4.1」節あるいは「4.2」節で“監視し，レビューする”と要求されているために，その対象項目を文書化して監視，レビューし，その結果を「表4.1–1」あるいは「表4.2–1」の該当様式に記録している。

すなわち，この規格の用語で表現すれば，“様式”を“文書化した情報として維持し，その後，様式に記録を取るので，文書化した情報を保持した”ことになる。筆者は，このように，“文書である様式に監視結果を記入して記録とする方式”を推奨したい。

「**7.5.1**」項では，この規格が要求する“文書化した情報”と“品質マネジメントシステムの有効性のために必要であると組織が決定した文書化した情報”を，文書化した情報として管

理の対象とすることを求めている。すなわち，この規格が要求している文書化した情報と，組織が決定した文書化した情報が管理対象である。

注記によれば，次のような組織の状況により，文書化した情報の必要度は異なると述べている。

＊ 組織の規模ならびに活動，プロセス，製品及びサービスの種類

＊ プロセス及びその相互作用の複雑さ

＊ 人々の力量

7.5.2　作成及び更新

文書化した情報を作成及び更新する際，組織は，次の事項を確実にしなければならない。

a) 適切な識別及び記述（例えば，タイトル，日付，作成者，参照番号）

b) 適切な形式（例えば，言語，ソフトウェアの版，図表）及び媒体（例えば，紙，電子媒体）

c) 適切性及び妥当性に関する，適切なレビュー及び承認

[解　　説]

ここで注目する内容は，文書化した情報が紙でも電子媒体でもよいとされていることであり，形式も図表でもよいとされているところである。これにより，承認の方式が異なってくる。人による署名や捺印に替わる方式が必要で，その適切性や妥当性の工夫が必要になってくる。その承認がなされた根拠を明確に規定しておくことが求められる。

この規格の文書管理に関しては作成者の記述が求められており，“文書化した情報を維持する”場合，すなわち，記録だけでなく文書に関しても作成者の記述が求められている。

7.5.3　文書化した情報の管理

7.5.3.1　（文書化した情報の要件）

品質マネジメントシステム及びこの規格で要求されている文書化した情報は，次の事項を確実にするために，管理しなければならない。

a) 文書化した情報が，必要なときに，必要なところで，入手可能かつ利用に適した状態である。

b) 文書化した情報が十分に保護されている（例えば，機密性の喪失，不適切な使用及び

完全性の喪失からの保護)。

[解　説]

ここでは，文書化した情報の管理の要求事項が規定されている。必要なところで利用可能で，機密性の喪失，不適切な使用や文書の完全性の不備を防がねばならない。

7.5.3.2 (文書化した情報の活用及び取扱い)

文書化した情報の管理に当たって，組織は，該当する場合には，必ず，次の行動に取り組まなければならない。

a) 配付，アクセス，検索及び利用

b) 読みやすさが保たれることを含む，保管及び保存

c) 変更の管理（例えば，版の管理）

d) 保持及び廃棄

品質マネジメントシステムの計画及び運用のために組織が必要と決定した外部からの文書化した情報は，必要に応じて識別し，管理しなければならない。

適合の証拠として保持する文書化した情報は，意図しない改変から保護しなければならない。

注記 アクセスとは，文書化した情報の閲覧だけの許可に関する決定，又は文書化した情報の閲覧及び変更の許可及び権限に関する決定を意味し得る。

[解　説]

ここでは，外部で文書化した情報も含めた，文書化した情報の管理に関して規定している。配布管理，文書化した情報の閲覧や検索のための利用，取り出しやすい保管，最新版の管理，保持，廃棄などの管理が求められている。

注記には，文書化した情報に関する維持あるいは保持を含めた管理に関して“アクセス”の解釈が述べられている。アクセスとは“利用するために接近するというような意味”であるが，この規格における解釈は文書化した情報の閲覧，あるいは変更することの許可及び権限を決定することとされている。

8. 運　用

8.1 運用の計画及び管理

8.1 運用の計画及び管理

組織は，次に示す事項の実施によって，製品及びサービスの提供に関する要求事項を満たすため，並びに箇条**6**で決定した取組みを実施するために必要なプロセスを，計画し，実施し，かつ，管理しなければならない（**4.4**参照）。

a) 製品及びサービスに関する要求事項の明確化

b) 次の事項に関する基準の設定

1) プロセス

2) 製品及びサービスの合否判定

c) 製品及びサービスの要求事項への適合を達成するために必要な資源の明確化

d) **b)**の基準に従った，プロセスの管理の実施

e) 次の目的のために必要な程度の，文書化した情報の明確化，維持及び保管

1) プロセスが計画どおりに実施されたという確信をもつ。

2) 製品及びサービスの要求事項への適合を実証する。

この計画のアウトプットは，組織の運用に適したものでなければならない。

組織は，計画した変更を管理し，意図しない変更によって生じた結果をレビューし，必要に応じて，有害な影響を軽減する処置をとらなければならない。

組織は，外部委託したプロセスが管理されていることを確実にしなければならない（**8.4**参照）。

［解　説］

Annex SLでは，主要規格はマネジメントシステムの要求事項を10章に区分しており，4～7章及び9～10章では，その構成や用語を共通にしているのである。しかしながら，8章のみは個々のマネジメントシステムに固有な要求事項を運用できることになっている。

この「**8.1**」節では，そのa）～e）を実施して特定の製品及びサービスの提供に関する要求事項を満たすために，並びに「6章」で決定された活動を実施するために，必要なプロセスを計画し，実施し，管理するための内容が規定されている。

a) 製品及びサービスに関する要求事項の明確化

この国際規格は，組織が顧客要求事項及び適用される法令・規制要求事項を満たす製品及び

サービスを一貫して提供する能力をもつことを実証する必要がある場合，並びに顧客満足の向上を目指す場合に適用する要求事項が規定されている。したがって，まず，特定の製品及びサービスの顧客要求事項を明確にすることが必要である。これは「**8.2**」節を中心にして実施される。

b)　次の事項に関する基準の設定 　**1)**　プロセス 　**2)**　製品及びサービスの合否判定

特定の製品及びサービスのプロセス（業務手順）の運用基準を設定し，合否判定基準を制定する。これは「**4.4**」節，及び「**8.2**」節を中心にして実施される。

c)　製品及びサービスの要求事項への適合を達成するために必要な資源の明確化

特定の製品及びサービスの要求事項への適合を達成するために必要な資源，人，もの，あるいは金を明確にする。これは「**7.1**」節を中心にして実施される。

d)　**b)**の基準に従った，プロセスの管理の実施

b）で設定したプロセス運用基準の設定及び製品及びサービスの合否判定基準に基づいて，プロセスの管理を実施する。これは「8章」を中心にして実施される。

e)　次の目的のために必要な程度の，文書化した情報の明確化，維持及び保管 　**1)**　プロセスが計画どおりに実施されたという確信を持つ。 　**2)**　製品及びサービスの要求事項への適合を実証する。

プロセスが計画どおりに実施されたという確信がもてるようにするため，及びこの計画のアウトプットは，組織の運用に適したものであるようにするため，運用の手順書である文書化した情報を維持し，運用の客観的証拠を明確にするため，文書化した情報を保持しなければならない。

この計画のアウトプットは，組織の運用に適したものでなければならない。

製品及びサービスを提供するための計画であるアウトプット（業務手順）は，組織が運用しやすいものでなければならない。

組織は，計画した変更を管理し，意図しない変更によって生じた結果をレビューし，必要に応じて，有害な影響を軽減する処置をとらなければならない。

組織は変更が必要となった場合は，変更によって生じる結果を十分に検討し，有害な影響を想定して，その影響を軽減する処置をとらなければならない。これは「**8.5.6**」項を中心にし

て実施される。

組織は，外部委託したプロセスが管理されていることを確実にしなければならない（**8.4** 参照）。

外部委託したプロセスで製品及びサービスを管理しているときには，「**8.4**」節に基づき適切に運用しなければならない。

8.2 製品及びサービスに関する要求事項

8.2.1 顧客とのコミュニケーション

顧客とのコミュニケーションには，次の事項を含めなければならない。

a) 製品及びサービスに関する情報の提供

b) 引合い，契約又は注文の処理。これらの変更を含む。

c) 苦情を含む，製品及びサービスに関する顧客からのフィードバックの取得

d) 顧客の所有物の取扱い又は管理

e) 関連する場合には，不測の事態への対応に関する特定の要求事項の確立

［解　説］

顧客に製品及びサービスを提供する際には顧客の要求事項を把握しなければならない。そのため，顧客とのコミュニケーションによる次の情報の授受を実施する必要がある。

a) 製品及びサービスに関する情報の提供

提供可能な製品及びサービスの情報を提示する。

b) 引合い，契約又は注文の処理。これらの変更を含む。

取引前の条件などの問い合わせ，契約または注文の処理，あるいは変更時の処理方法などの情報伝達を実施する。

c) 苦情を含む，製品及びサービスに関する顧客からのフィードバックの取得

製品及びサービスに関する顧客からの苦情，問い合わせ，意見，感想などの取り扱いを実施する。

d) 顧客の所有物の取扱い又は管理

顧客の所有物の所有権は顧客にあり，不良品があれば顧客に連絡する必要がある。また，組織の管理により不良品を発生させた場合，あるいは使用に適さないものが入荷した時には顧客

への連絡が必要である。一定の期間ごとに管理状況を顧客に報告することが求められる。

e) 関連する場合には，不測の事態への対応に関する特定の要求事項の確立

原料が入手できず顧客に製品が届けられないとか，輸送中で事故が発生して予定の時間に顧客に製品が届けられないとか，製造機器に異常が発生して顧客に製品が届けられないなど，不測の事態が生じたときの対応をどうするかの情報交換をしておくことが求められる。ある程度の製品・原料の在庫を保管するなどは対策の一つであるが，コストが増加する。顧客と事前に協議して特定の要求事項を確立することが必要である。

8.2.2 製品及びサービスに関する要求事項の明確化

顧客に提供する製品及びサービスに関する要求事項を明確にするとき，組織は，次の事項を確実にしなければならない。

a) 次の事項を含む，製品及びサービスの要求事項が定められている。

　1) 適用される法令・規制要求事項

　2) 組織が必要とみなすもの

b) 組織が，提供する製品及びサービスに関して主張していることを満たすことができる。

[解　　説]

組織は，顧客に提供する製品及びサービスに関連する要求事項を明確にするとき，次の要求事項を明確にしておかねばならない。

a) 次の事項を含む，製品及びサービスの要求事項が定められている。

　1) 適用される法令・規制要求事項

　2) 組織が必要とみなすもの

製品及びサービス要求事項に加えて関連する法令・規制要求事項を明確にしておく必要がある。一方，組織が必要とみなしている要求事項，例えば，包装・梱包条件，配送条件などをあらかじめ明確に定めておく。

b) 組織が，提供する製品及びサービスに関して主張していることを満たすことができる。

組織は，提供する製品及びサービスに関する主張を満たすため，あらかじめ譲れない条件，例えば値引き条件や品質規格などを明確にしておく。

8.2.3 製品及びサービスに関する要求事項のレビュー

8.2.3.1 (製品及びサービス要求事項の確立)

組織は，顧客に提供する製品及びサービスに関する要求事項を満たす能力をもつことを確実にしなければならない。組織は，製品及びサービスを顧客に提供することをコミットメントする前に，次の事項を含め，レビューを行わなければならない。

a) 顧客が規定した要求事項。これには引渡し及び引渡し後の活動に関する要求事項を含む。

b) 顧客が明示してはいないが，指定された用途又は意図された用途が既知である場合，それらの用途に応じた要求事項

c) 組織が規定した要求事項

d) 製品及びサービスに適用される法令・規制要求事項

e) 以前に提示されたものと異なる，契約又は注文の要求事項

組織は，契約又は注文の要求事項が以前に定めたものと異なる場合には，それが解決されていることを確実にしなければならない。

顧客がその要求事項を書面で示さない場合には，組織は，顧客要求事項を受諾する前に確認しなければならない。

注記 インターネット販売などの幾つかの状況では，注文ごとの正式なレビューは実用的ではない。その代わりとして，レビューには，カタログなどの，関連する製品情報が含まれ得る。

[解　説]

組織は，顧客に提供する製品及びサービスに関する要求事項を満たす能力を持つことを確実にするために，製品及びサービスを提供することを約束する前に，次のことを含めて再検討をしなければならない。

a) 顧客が規定した要求事項。これには引渡し及び引渡し後の活動に関する要求事項を含む。

引渡し，及び引渡し後の活動に関する要求事項を含めて，顧客が規定した要求事項を満たす能力があるかを検討する。

b) 顧客が明示してはいないが，指定された用途又は意図された用途が既知である場合，それらの用途に応じた要求事項

顧客が明示してはいないが，指定された用途または意図された用途が既知である場合，それらの用途に応じた要求事項を満たす能力があるかを検討する。

c) 組織が規定した要求事項

組織自らが規定した要求事項を満たす能力があるかを検討する。

d) 製品及びサービスに適用される法令・規制要求事項

適用される法令・規制要求事項を満たす能力があるかを検討する。

e) 以前に提示されたものと異なる，契約又は注文の要求事項

以前に提示されたものと異なる，契約または注文の要求事項を要求された場合は，その要求事項を満たす能力があるかを検討する。

組織は，契約又は注文の要求事項が以前に定めたものと異なる場合には，それが解決されていることを確実にしなければならない。

契約または注文の要求事項が以前に定めたものと異なる場合には，そのことが解決されるまでは契約または注文に応じないこと。

顧客がその要求事項を書面で示さない場合には，組織は，顧客要求事項を受諾する前に確認しなければならない。

顧客が要求事項を書面で示さない場合には，組織は，顧客要求事項を受諾する前に顧客に確認したのち契約または注文を受けること。このような場合に備えて，組織内での手順を決めておくとよい。

注記 インターネット販売などの幾つかの状況では，注文ごとの正式なレビューは実用的ではない。その代わりとして，レビューには，カタログなどの，関連する製品情報が含まれ得る。

インターネットでの販売のように，それぞれの注文に対する正式な確認ができない場合は，カタログなどの関連商品の情報，例えば，注文書の番号を取り上げて確認してもよい。顧客との行き違いをなくすのが，レビューの主眼である。

8.2.3.2 （製品及びサービス要求内容に関する文書化した情報の保持）

組織は，該当する場合には，必ず，次の事項に関する文書化した情報を保持しなければならない。

a) レビューの結果

b)　製品及びサービスに関する新たな要求事項

[解　　説]

ここでは製品及びサービスの要求事項のレビューに関するに要求事項関連して，「文書化した情報の保持（記録の保管）」の要求事項が規定されている。確認結果の記録，製品及びサービスに関する新たな要求事項の保管が求められている。

8.2.4　製品及びサービスに関する要求事項の変更

製品及びサービスに関する要求事項が変更されたときには，組織は，関連する文書化した情報を変更することを確実にしなければならない。また，変更後の要求事項が，関連する人々に理解されていることを確実にしなければならない。

[解　　説]

この項では，製品及びサービスに関する要求事項の変更の際に実施すべきことが規定されている。規定内容は次の通りである。

a)　関連する文書化した情報の変更を実施すること。

b)　変更内容を関係者に連絡すること。

8.3　製品及びサービスの設計・開発

8.3.1　一般

組織は，以降の製品及びサービスの提供を確実にするために適切な設計・開発プロセスを確立し，実施し，維持しなければならない。

[解　　説]

ここでは，製品及びサービスの設計・開発を実施する際にはプロセス（業務手順）を確立し，実施し，維持することが求められている。なお，プロセスの確立は「**4.4.2**」「**8.1**」で文書化した情報の維持及び保持が求められている。

8.3.2　設計・開発の計画

設計・開発の段階及び管理を決定するに当たって，組織は，次の事項を考慮しなければならない。

a) 設計・開発活動の性質，期間及び複雑さ
b) 要求されるプロセス段階。これには適用される設計・開発のレビューを含む。
c) 要求される，設計・開発の検証及び妥当性確認活動
d) 設計・開発プロセスに関する責任及び権限
e) 製品及びサービスの設計・開発のための内部資源及び外部資源の必要性
f) 設計・開発プロセスに関与する人々の間のインタフェースの管理の必要性
g) 設計・開発プロセスへの顧客及びユーザの参画の必要性
h) 以降の製品及びサービスの提供に関する要求事項
i) 顧客及びその他の密接に関連する利害関係者によって期待される，設計・開発プロセスの管理レベル
j) 設計・開発の要求事項を満たしていることを実証するために必要な文書化した情報

［解　説］

この項では設計・開発のプロセス，及びその管理の計画を確立するにあたっての考慮すべき要求事項が規定されている。

a) 設計・開発活動の性質，期間及び複雑さ

設計・開発活動の性質が本格的な新製品及びサービスを対象とするのか，既存の類似製品及びサービスを対象とするのか，期間はどれくらいか，複雑さの程度はどうかを考慮する必要がある。

ここで，期間が問われている。期間には“律速”と呼ばれる段階がある。この段階が遅れると全てが遅れてしまうという業務である。この律速段階を把握して，その段階を予定通りの期間で乗り切れれば，開発期間が遅れることはないのである。ただ，第一の律速が順調に進んでも，第二，第三の律速があるので適切な管理が必要である。

b) 要求されるプロセス段階。これには適用される設計・開発のレビューを含む。

要求されるプロセスの段階はどのように枝分かれするかを考慮する。これは「**4.4**」節の「図 4.4.1-1　流れ図」を参照するとまとめやすい。その際に，どこで，何回ぐらいの確認が必要かも考慮する。

c) 要求される，設計・開発の検証及び妥当性確認活動

設計・開発の検証及び妥当性確認活動はどの段階で，どの程度実施するかを考慮する。

d) 設計・開発プロセスに関する責任及び権限

設計・開発プロセスに関する責任及び権限をどのように定めるかを考慮する。

e) 製品及びサービスの設計・開発のための内部資源及び外部資源の必要性

該当する製品及びサービスの設計開発に，内部資源及び外部資源がどの程度必要か考慮する。

f） 設計・開発プロセスに関与する人々の間のインタフェースの管理の必要性

この設計・開発の場合でのインタフェースとは，「仲立ち」あるいは「窓口」という意味で，設計・開発プロセスにかかわっている部署の窓口担当者のことである。関連する部署に単数の人しかいなければ部署担当者である。

g） 設計・開発プロセスへの顧客及びユーザの参画の必要性

特に，その顧客やユーザーのPB（プライベートブランド；該当する顧客やユーザーの製品を請け負っている製品及びサービス）製品を設計開発の際に，ユーザーの参画は望ましい。

h) 以降の製品及びサービスの提供に関する要求事項

製品及びサービスの提供が始まった後も検討事項が必要かどうかを考慮する。

i） 顧客及びその他の密接に関連する利害関係者によって期待される，設計・開発プロセスの管理レベル

顧客及びその他の密接に関連する利害関係者によって期待される，設計・開発プロセスの管理レベルにはどのようなことがあるかを考慮する。

j） 設計・開発の要求事項を満たしていることを実証するために必要な文書化した情報

設計・開発の要求事項を満たしていることを実証するために，必要な文書化した情報が必要かどうかを考慮する必要がある。一般的には，どのような製品及びサービスを設計・開発するかのインプット（情報；要求事項）が必要であり，設計の結果としてのアウトプット（成果物）である設計図やレシピができ上がる。設計図やレシピは，要求事項に，検証及び妥当性確認の観点から合致していなければならない。文書化した情報（記録）が必要である。

8.3.3　設計・開発へのインプット

組織は，設計・開発する特定の種類の製品及びサービスに不可欠な要求事項を明確にしなければならない。組織は，次の事項を考慮しなければならない。

a) 機能及びパフォーマンスに関する要求事項

b) 以前の類似の設計・開発活動から得られた情報

c) 法令・規制要求事項

d) 組織が実施することをコミットメントしている，標準又は規範（codes of practice）

e) 製品及びサービスの性質に起因する失敗により起こり得る結果

インプットは，設計・開発の目的に対して適切で，漏れがなく，曖昧でないものでなければならない。

設計・開発へのインプット間の相反は，解決しなければならない。

組織は，設計・開発へのインプットに関する文書化した情報を保持しなければならない。

［解　　説］

「**8.3.3**」項は設計・開発へのインプットに関して規定している。特定の製品及びサービスを設計・開発するにあたり，次の事項を明確にしながらインプットを明確にしなければならない。

a) 機能及びパフォーマンスに関する要求事項

設計・開発へのインプットには，特定の種類の製品及びサービスに不可欠な要求事項である機能や望まれる成果を明確にしなければならない。

b) 以前の類似の設計・開発活動から得られた情報

インプットには，以前の類似の設計・開発活動から得られた情報は考慮すべきである。

c) 法令・規制要求事項

インプットには，特定の種類の製品及びサービスに関連する法令・規制要求事項を明確にすべきである。

d) 組織が実施することをコミットメントしている，標準又は規範（codes of practice）

インプットには，組織が約束している特定の種類の製品及びサービスに関連する標準または規範を明確にすべきである。

e) 製品及びサービスの性質に起因する失敗により起こり得る結果

インプットには，特定の種類の製品及びサービスの性質に起因して起こり得る失敗の結果を明確にすべきである。

インプットは，設計・開発の目的に対して適切で，漏れがなく，曖昧でないものでなければならない。

インプットは，上述された内容を踏まえて，特定の種類の製品及びサービスの設計・開発目的に対して適切で，漏れがなく，曖昧でないものでなければならない。

設計・開発へのインプット間の相反は，解決しなければならない。

望ましい製品及びサービスの設計・開発をしようとすると，インプットとして相反する要素が求められることがあるが，事前によく検討，解決して設計・開発を始めなければならない。

組織は，設計・開発へのインプットに関する文書化した情報を保持しなければならない。

インプット情報は特定の種類の製品及びサービスに固有なものであるが，将来，その情報を活用することもあり，その情報は保管することが求められる。

8.3.4　設計・開発の管理

組織は，次の事項を確実にするために，設計・開発プロセスを管理しなければならない。

a) 達成すべき結果を定める。

b) 設計・開発の結果の，要求事項を満たす能力を評価するために，レビューを行う。

c) 設計・開発からのアウトプットが，インプットの要求事項を満たすことを確実にするために，検証活動を行う。

d) 結果として得られる製品及びサービスが，指定された用途又は意図された用途に応じた要求事項を満たすことを確実にするために，妥当性確認活動を行う。

e) レビュー，又は検証及び妥当性確認の活動中に明確になった問題に対して必要な処置をとる。

f) これらの活動についての文書化した情報を保持する。

注記　設計・開発のレビュー，検証及び妥当性確認は，異なる目的をもつ。これらは，組織の製品及びサービスに応じた適切な形で，個別に又は組み合わせて行うことができる。

[解　説]

設計・開発に際しては，次の事項を確実にするために設計・開発プロセスの管理適用が求められている。

a) 達成すべき結果を定める。

達成すべき結果とは，設計・開発においてはインプットの内容をアウトプットに結びつけることである。即ち，情報であるインプットをアウトプットである製品及びサービスに仕上げる情報にまとめることである。その間のプロセスを明確にして運用することになる。

b) 設計・開発の結果の，要求事項を満たす能力を評価するために，レビューを行う。

設計・開発の結果が要求事項に適合するのかどうかを評価して確認する。

c) 設計・開発からのアウトプットが，インプットの要求事項を満たすことを確実にするために，検証活動を行う。

設計開発のアウトプットが，インプットの要求事項を満たしているかどうかを確認するために検証活動（目的通りの結果が達成できていることを確認すること）を行う。

d) 結果として得られる製品及びサービスが，指定された用途又は意図された用途に応じた要求事項を満たすことを確実にするために，妥当性確認活動を行う。

設計・開発の結果として得られる製品及びサービスがその機能を発揮できるのかどうか評価するために妥当性を確認する。妥当性確認とは，特定の意図された用途または結果に関する要求事項が満たされていることを，客観的証拠を提示することによって確認することである。例えば，テストをしたり，過去の類似設計の資料と比較して，その結果から，現在の設計の内容であれば要求どおりのものになることを説明する，などである。

e) レビュー，又は検証及び妥当性確認の活動中に明確になった問題に対して必要な処置をとる。

レビュー（アウトプットがインプットの要求を満たしていることを検討すること），または検証（事実，要求事項を満たしていることを示すこと）及び妥当性確認（機能が目的通りであることを示すこと）の活動中に明確になった問題に対して必要な処置をとる。

f) これらの活動についての文書化した情報を保持する。

設計・開発の管理活動の中で得られた文書化した情報を保持（記録をとる）しなければならない。

注記 設計・開発のレビュー，検証及び妥当性確認は，異なる目的をもつ。これらは，組織の製品及びサービスに応じた適切な形で，個別に又は組み合わせて行うことができる。

設計・開発のレビュー，検証及び妥当性確認は，異なる目的をもつ。しかしながら，組織の製品及びサービスに応じて適切な形で，個別に，または組み合わせて行うことができる。

この章では，レビュー，検証及び妥当性確認は次のような機能をもつ。

レビュー：設計活動の始まり，あるいは途中で，アウトプットがインプットの要求を満たすかを確認すること。

検　　証：出来上がったアウトプットがインプットの要求事項を満たしていることを運用によって確認すること。

妥当性確認：出来上がったアウトプットが要求された機能や性能を満たすか否かを，事前にテストで，あるいは過去の類似設計などの証拠をもって示すこと。

8.3.5　設計・開発からのアウトプット

組織は，設計・開発からのアウトプットが，次のとおりであることを確実にしなければならない。

a)　インプットで与えられた要求事項を満たす。

b)　製品及びサービスの提供に関する以降のプロセスに対して適切である。

c)　必要に応じて，監視及び測定の要求事項，並びに合否判定基準を含むか，又はそれらを参照している。

d)　意図した目的並びに安全で適切な使用及び提供に不可欠な，製品及びサービスの特性を規定している。

組織は，設計・開発からのアウトプットについて，文書化した情報を保持しなければならない。

［解　　説］

この項では，設計・開発からのアウトプットの要求事項が次の通りであることを規定している。

a)　インプットで与えられた要求事項を満たす。

アウトプットは，インプットの要求事項を満たさなければならない。

b)　製品及びサービスの提供に関する以降のプロセスに対して適切である。

アウトプットは，製品及びサービスの品質や法令規制要求事項のみならず，原材料の要求事項，製造及びサービス運用の要求事項，保管・輸送の要求事項も包含しており，それらのプロセスに対して適切であることが求められる。

c) 必要に応じて，監視及び測定の要求事項，並びに合否判定基準を含むか，又はそれらを参照している。

アウトプットには，監視測定の要求事項及び合否判定基準を含むか，それが何らかの資料の中に示されていて，参照できなければならない。

d) 意図した目的並びに安全で適切な使用及び提供に不可欠な，製品及びサービスの特性を規定している。

アウトプットには，意図した目的及び安全で適切なものに不可欠な，製品及びサービスの特性を規定していなければならない。

組織は，設計・開発からのアウトプットに関する文書化した情報を保持しなければならない。

アウトプットに関する文書化した情報を保持（記録）しなければならない。

8.3.6　設計・開発の変更

組織は，要求事項への適合に悪影響を及ぼさないことを確実にするために必要な程度まで，製品及びサービスの設計・開発の間又はそれ以降に行われた変更を識別し，レビューし，管理しなければならない。

組織は，次の事項に関する文書化した情報を保持しなければならない。

a) 設計・開発の変更

b) レビューの結果

c) 変更の許可

d) 悪影響を防止するための処置

[解　説]

この項は，設計・開発の変更に関する要求事項を述べている。まず，変更とは，開発中及び開発後の変更をいう。その留意点は，要求事項に対して悪影響を及ぼさないようにすることである。それらの変更を識別し，検討し管理しなければならない。

その際に，次の事項に関する文書化した情報の保持（記録）が求められている。

a) 設計・開発の変更内容

b) 変更中のレビューの結果

c) 変更を許可した理由

d) 悪影響を防止するために実施した処置内容

8.4　外部から提供されるプロセス，製品及びサービスの管理

8.4.1　一般

組織は，外部から提供されるプロセス，製品及びサービスが，要求事項に適合していることを確実にしなければならない。

組織は，次の事項に該当する場合には，外部から提供されるプロセス，製品及びサービスに適用する管理を決定しなければならない。

a) 外部提供者からの製品及びサービスが，組織自身の製品及びサービスに組み込むことを意図したものである場合

b) 製品及びサービスが，組織に代わって，外部提供者から直接顧客に提供される場合

c) プロセス又はプロセスの一部が，組織の決定の結果として，外部提供者から提供される場合

組織は，要求事項に従ってプロセス又は製品・サービスを提供する外部提供者の能力に基づいて，外部提供者の評価，選択，パフォーマンスの監視，及び再評価を行うための基準を決定し，適用しなければならない。組織は，これらの活動及びその評価によって生じる必要な処置について，文書化した情報を保持しなければならない。

[解　説]

この「**8.4**」節は，外部から提供されるプロセスあるいは製品，及びサービスの管理に関して規定している。

そのなかで，「**8.4.1　一般**」に規定されている，次の a)，b) 及び c) に該当する外部から提供されるプロセス，製品及びサービスに適用する管理を決定しなければならないとされている。具体的内容は，「**8.4.2**」項及び「**8.4.3**」項に示されている。

a) 外部提供者からの製品及びサービスが，組織自身の製品及びサービスに組み込むことを意図したものである場合

組織自身の製品及びサービスに，外部提供者からの製品及びサービスを組み込むことを意図した場合とは，一般的な表現をすれば“原材料あるいは中間製品”の受け入れといったケースである。

b) 製品及びサービスが，組織に代わって，外部提供者から直接顧客に提供される場合

組織に代わって，製品及びサービスが，外部提供者から直接顧客に提供される場合とは，外部提供者に製造してもらい，そのまま出荷するケースである。

c) プロセス又はプロセスの一部が，組織の決定の結果として，外部提供者から提供される

場合

組織の決定によりプロセスまたはプロセスの一部が外部提供者から提供される場合とは，その工程は外部提供者に製造・管理してもらっているアウトソースのケースである。

組織は，要求事項に従ってプロセス又は製品・サービスを提供する外部提供者の能力に基づいて，外部提供者の評価，選択，パフォーマンスの監視，及び再評価を行うための基準を決定し，適用しなければならない。組織は，これらの活動及びその評価によって生じる必要な処置について，文書化した情報を保持しなければならない。

ここでは，外部提供者の評価選定に関して規定している。

組織の要求事項により評価選定する外部提供者の“評価”，“選択”，“パフォーマンスの監視”及び“再評価”は，そのための基準を決定し，適用しなければならないとされている。

外部提供者の評価選定は，基本的にはその製品及びサービスの法令・規制要求事項を含む要求事項への適合度で評価される。したがって，自組織に抜き取り検査や立ち入り査察などを含めたその評価ができる仕組みを持たなければならない。それにより評価の高い組織は報われるし，評価が低い組織は報われない方式を確立していく必要がある。

組織は，これらの活動及び評価によって生ずる必要な処置に関して，記録を維持しなければならない。

8.4.2 管理の方式及び程度

組織は，外部から提供されるプロセス，製品及びサービスが，顧客に一貫して適合した製品及びサービスを引き渡す組織の能力に悪影響を及ぼさないことを確実にしなければならない。

組織は，次の事項を行わなければならない。

a) 外部から提供されるプロセスを組織の品質マネジメントシステムの管理下にとどめることを，確実にする。

b) 外部提供者に適用するための管理，及びそのアウトプットに適用するための管理の両方を定める。

c) 次の事項を考慮に入れる。

  1) 外部から提供されるプロセス，製品及びサービスが，顧客要求事項及び適用される法令・規制要求事項を一貫して満たす組織の能力に与える潜在的な影響

  2) 外部提供者によって適用される管理の有効性

d) 外部から提供されるプロセス，製品及びサービスが要求事項を満たすことを確実にす

るために必要な検証又はその他の活動を明確にする。

[解　説]

外部から提供されるプロセス，製品及びサービスが，一貫して顧客に適合製品及び適合サービスを引き渡す組織の能力に悪影響を及ぼさないことを確実にするために，組織は次の事項によって外部提供者を管理しなければならない。

以下は，外部から提供されるプロセス，製品及びサービスの管理の方式と程度である。

a) 外部から提供されるプロセスを組織の品質マネジメントシステムの管理下にとどめることを，確実にする。

外部から提供されるプロセスは，組織の品質マネジメントシステムの管理下で確実に扱わなければならないので，その管理をどのような方式で，どの程度の頻度で実施するのかを明確にする必要がある。「8.4.1」項に事例を示した。

b) 外部提供者へ適用するための管理，及びそのアウトプットに適用するための管理の両方を定める。

外部提供者へ適用することを意図した管理，及び結果として生じる製品及びサービスへ適用することを意図した管理の両方を明確に定めるように求めているので，その管理をどのような方式で，どの程度の頻度で実施するのかを明確にする必要がある。「8.4.1」項に事例を示した。

c–1) 外部から提供されるプロセス，製品及びサービスが，顧客要求事項及び適用される法令・規制要求事項を一貫して満たす組織の能力に与える潜在的な影響

外部から提供されるプロセス，製品及びサービスが，顧客要求事項及び適用される法令・規制要求事項を一貫して満たす組織の能力に影響を与えることのないように管理することを求めているので，その管理をどのような方式で，どの程度の頻度で実施するのかを明確にする必要がある。

c–2) 外部提供者によって適用される管理の有効性

外部提供者によって適用される管理の有効性を考慮に入れて管理することが求められているので，その管理の有効性をどのような方式で，どの程度の頻度で実施するのかを明確にする必要がある。

d) 外部から提供されるプロセス，製品及びサービスが要求事項を満たすことを確実にするために必要な検証又はその他の活動を明確にする。

外部から提供されるプロセス，製品及びサービスが要求事項を満たすことを確実にするため

に必要な検証（客観的証拠を提示することで規定要求事項が満たされていることを確認すること；抜き取り検査など），またはその他の活動（立ち入り査察など）を実施するように求めているので，その管理をどのような方式で，どの程度の頻度で実施するのかを明確にする必要がある。

8.4.3　外部提供者に対する情報

組織は，外部提供者に伝達する前に，要求事項が妥当であることを確実にしなければならない。

組織は，次の事項に関する要求事項を，外部提供者に伝達しなければならない。

a)　提供されるプロセス，製品及びサービス

b)　次の事項についての承認

　1)　製品及びサービス

　2)　方法，プロセス及び設備

　3)　製品及びサービスのリリース

c)　人々の力量。これには必要な適格性を含む。

d)　組織と外部提供者との相互作用

e)　組織が適用する，外部提供者のパフォーマンスの管理及び監視

f)　組織又はその顧客が外部提供者先での実施を意図している検証又は妥当性確認活動

［解　説］

この項では外部提供者への情報提供に関する要求事項が規定されている。

組織は，次の事項に関する要求事項を外部提供者に伝達しなければならない。その伝達前に，伝達する内容が妥当であるかを検討しなければならない。

a)　提供されるプロセス，製品及びサービス

提供してもらう（委託する）プロセスや製品及びサービスに関する要求事項内容。

b-1)　製品及びサービスの承認

製品及びサービスの受け入れ承認の条件（試験成績書及びサンプル添付など），及び方法に関する要求事項内容。

b-2)　方法，プロセス及び設備

委託加工の方法，プロセス及び設備に対する承認に関する要求事項内容。

b-3) 製品及びサービスのリリース

製品及びサービスの出荷に関する要求事項に関する要求事項内容。

c) 人々の力量。これには必要な適格性を含む。

要員の力量及び資格に関する要求事項内容。

d) 組織と外部提供者との相互作用

組織と外部提供者との情報交換方法に関する要求事項内容。

e) 組織が適用する，外部提供者のパフォーマンスの管理及び監視

組織が実施する外部提供者の成果の管理及び監視に関する要求事項内容。

f) 組織又はその顧客が外部提供者先での実施を意図している検証又は妥当性確認活動

組織と，その顧客が実施する外部提供者の施設における検証（目的が達成できていること）や妥当性確認（実施内容とその成果との間に客観的証拠があること）に関する要求事項内容。

8.5 製造及びサービス提供

8.5.1 製造及びサービス提供の管理

組織は，製造及びサービス提供を，管理された状態で実行しなければならない。

管理された状態には，次の事項のうち，該当するものについては，必ず，含めなければならない。

a) 次の事項を定めた文書化した情報を利用できるようにする。
  1) 製造する製品，提供するサービス，又は実施する活動の特性。
  2) 達成すべき結果

b) 監視及び測定のための適切な資源を利用できるようにし，かつ，使用する。

c) プロセス又はアウトプットの管理基準，並びに製品及びサービスの合否判定基準を満たしていることを検証するために，適切な段階で監視及び測定活動を実施する。

d) プロセスの運用のための適切なインフラストラクチャ及び環境を使用する。

e) 必要な適格性を含め，力量を備えた人々を任命する。

f) 製造及びサービス提供のプロセスで結果として生じるアウトプットを，それ以降の監視又は測定で検証することが不可能な場合には，製造及びサービス提供に関するプロセスの，計画した結果を達成する能力について，妥当性確認を行い，定期的に妥当性

を再確認する。

g) ヒューマンエラーを防止するための処置を実施する。

h) リリース，顧客への引渡し及び引渡し後の活動を実施する。

[解　説]

この項は，製造及びサービスの提供の管理に関して述べている。その管理された状態の要求事項を，次に規定している。これらの要求事項は，該当するものは必ず含めることを要求している。

a) 次の事項を定めた文書化した情報を利用できるようにする。
1) 製造する製品，提供するサービス，又は実施する活動の特性。
2) 達成すべき結果

製造及びサービスの提供を管理された状態で実施するために，文書化した情報を利用できるようにすることが求められている。すなわち，手順書を作成することである。この手順書（紙とは限らない。電子媒体も含まれる）には製造する製品，提供するサービス，実行する活動の特性，さらには達成すべき結果を記述することが求められている。

この文書化した情報はこの項の以降の要求事項とも関連して，プロセスアプローチに則った「QC 工程表」に表記すると活用しやすい（**4.4.1**　表 4.4.1-1 p54 参照）。

b) 監視及び測定のための適切な資源を利用できるようにし，かつ，使用する。

製造及びサービス提供は，プロセスアプローチで運用するのが一般的であり，必要な監視測定が行われる。「**7.1.5**」項で支援された監視及び測定の資源を使用する。

c) プロセス又はアウトプットの管理基準，並びに製品及びサービスの合否判定基準を満たしていることを検証するために，適切な段階で監視及び測定活動を実施する。

前述の b）で準備された監視測定資源を活用して運用する。

d) プロセスの運用のための適切なインフラストラクチャ及び環境を使用する。

「**7.1.3**」，「**7.1.4**」で準備した資源を利用して運用する。

e) 必要な適格性を含め，力量を備えた人々を任命する。

「**7.2**」で準備した，文書化した情報をもとにして，力量を備えた要員を任命して配置する。

f) 製造及びサービス提供のプロセスで結果として生じるアウトプットを，それ以降の監視又は測定で検証することが不可能な場合には，製造及びサービス提供に関するプロセスの，計画した結果を達成する能力について，妥当性確認を行い，定期的に妥当性を再確認する。

製造及びサービス提供のプロセスで結果として生じたアウトプットについて，それ以降で監視または測定で検証することが不可能な場合がある。このような場合は，該当する特定の工程で，適切なアウトプットを作り込むしかない。その際は，工程条件を管理することで適切なアウトプットが提供できることの妥当性確認を実施しなければならない。さらに，定期的な妥当性の再確認の実施が必要である。

この要求事項は，2008年版の「7.5.2」製造及びサービス提供に関するプロセスの妥当性確認である。

g) ヒューマンエラーを防止するための処置を実施する。

人はついうっかりとミスをする。これを“ヒューマンエラー”という。このような場合，うっかりミスが発生しにくい対応とすることが求められ，“ぽかよけ”などと呼ばれる。例えば，回転機器にうっかり手を入れないように防御するのは“ぽかよけ”のヒューマンエラー防止措置である。

h) リリース，顧客への引渡し及び引渡し後の活動を実施する。

製品及びサービス提供が行われた後で，引き渡し後の活動が始まるが，約束通り実施しなければならない。

8.5.2 識別及びトレーサビリティ

製品及びサービスの適合を確実にするために必要な場合，組織は，アウトプットを識別するために，適切な手段を用いなければならない。

組織は，製造及びサービス提供の全過程において，監視及び測定の要求事項に関連して，アウトプットの状態を識別しなければならない。

トレーサビリティが要求事項となっている場合には，組織は，アウトプットについて一意の識別を管理し，トレーサビリティを可能とするために必要な文書化した情報を保持しなければならない。

[解　説]

トレーサビリティとは，製品など認識ができる対象の履歴，適用または所在を追跡できることである。

原材料，工程に異常があり，製品の回収などが必要となった時，トレーサビリティがとれていると回収すべきアウトプットを限定できる。そのためには，原材料，工程及び製品を経て第一次顧客に至る記録保管が重要になる。要求事項でも，文書化した情報の保持が求められている。

8.5.3　顧客又は外部提供者の所有物

組織は，顧客又は外部提供者の所有物について，それが組織の管理下にある間，又は組織がそれを使用している間は，注意を払わなければならない。

組織は，使用するため又は製品及びサービスに組み込むために提供された顧客又は外部提供者の所有物の識別，検証及び保護・防護を実施しなければならない。

顧客若しくは外部提供者の所有物を紛失若しくは損傷した場合，又はその他これらが使用に適さないと判明した場合には，組織は，その旨を顧客又は外部提供者に報告し，発生した事柄について文書化した情報を保持しなければならない。

注記　顧客又は外部提供者の所有物には，材料，部品，道具，設備，施設，知的財産，個人情報などが含まれ得る。

[解　　説]

顧客の所有物の取り扱い，管理は「**8.2.1**」項，「**顧客とのコミュニケーション**」に規定されているが，本項では顧客または外部提供者の所有物についての管理に関する規定である。顧客の所有物と同様に，外部提供者の所有物も適切な管理が求められる。なお，**注記**にある顧客または外部提供者の所有物の範囲の中の知的財産，個人情報などについては管理から漏れる危険性があり，注意する必要がある。

8.5.4　保存

組織は，製造及びサービス提供を行う間，要求事項への適合を確実にするために必要な程度に，アウトプットを保存しなければならない。

注記　保存に関わる考慮事項には，識別，取扱い，汚染防止，包装，保管，伝送又は輸送，及び保護が含まれ得る。

[解　　説]

ここでは製造及びサービス提供を行う間，要求事項への適合を確実にするために必要な程度（適合性判定期間）の，アウトプットの保存を求めている。

注記によれば，この保存には，識別，取り扱い，汚染防止，包装，保管，伝送または輸送，及び保護を含めることができるとされ，その内容は，“要求事項への適合を確実にするために必要な程度”に行うということであり，組織に判断を任せているのである。その内容が“要求事項へ適合”すればよいのである。

8.5.5　引渡し後の活動

組織は，製品及びサービスに関連する引渡し後の活動に関する要求事項を満たさなければならない。

要求される引渡し後の活動の程度を決定するに当たって，組織は，次の事項を考慮しなければならない。

a)　法令・規制要求事項

b)　製品及びサービスに関連して起こり得る望ましくない結果

c)　製品及びサービスの性質，用途及び意図した耐用期間

d)　顧客要求事項

e)　顧客からのフィードバック

注記　引渡し後の活動には，補償条項（warranty provisions），メンテナンスサービスのような契約義務，及びリサイクル又は最終廃棄のような付帯サービスの下での活動が含まれ得る。

［解　　説］

この項では，引き渡し後の活動について規定している。次の事例や注記に例などに関して，引き渡し後の活動を行わなければならない。

a)　法令・規制要求事項；法令・規制要求事項で求められている表示が欠落していれば製品の交換などが求められ，対応しなければならない。これは法違反ともなる。

b)　製品及びサービスに伴って起こり得る，望ましくない結果；食品に異物が混入していた場合，該当する範囲の製品は回収しなければならない。

c)　製品及びサービスの性質，用途及び意図した耐用期間；耐用期間内の製品が故障した場合は交換しなければならない。

d)　顧客要求事項；顧客要求事項に適合していない製品を誤って提供した場合は交換するか手直ししなければならない。

e)　顧客からのフィードバック；販売した製品に関して顧客から問い合わせがあれば，調査しなければならない。

注記　引渡し後の活動には，補償条項（warranty provisions），メンテナンスサービスのような契約義務を伴うもの，あるいはリサイクルまたは最終廃棄のような付帯サービスの下での活動も含まれる。

8.5.6　変更の管理

組織は，製造又はサービス提供に関する変更を，要求事項への継続的な適合を確実にするために必要な程度まで，レビューし，管理しなければならない。

組織は，変更のレビューの結果，変更を正式に許可した人（又は人々）及びレビューから生じた必要な処置を記載した，文書化した情報を保持しなければならない。

［解　説］

製造またはサービス提供内容を変更するときは，特に注意が必要である。このような場合は，要求事項への継続的な適合を確実にできない場合があり，顧客に迷惑をかけるのである。要求事項への継続的な適合を確実にするために必要な程度まで，レビューし，管理しなければならないということは大切なことである。顧客と協議できる場合は，事前に相談して実施することが望ましい。

組織は，変更のレビューの結果，変更を正式に許可した人々及びレビューから生じた必要な処置を記載した，文書化した情報を保持しなければならないのである。

8.6　製品及びサービスのリリース

組織は，製品及びサービスの要求事項を満たしていることを検証するために，適切な段階において，計画した取決めを実施しなければならない。

計画した取決めが問題なく完了するまでは，顧客への製品及びサービスのリリースを行ってはならない。ただし，当該の権限をもつ者が承認し，かつ，顧客が承認したとき（該当する場合には，必ず）は，この限りではない。

組織は，製品及びサービスのリリースについて文書化した情報を保持しなければならない。これには，次の事項を含まなければならない。

a)　合否判定基準への適合の証拠

b)　リリースを正式に許可した人（又は人々）に対するトレーサビリティ

［解　説］

ここでは製品及びサービスのリリース（譲渡）に関する要求事項を述べている。

製品及びサービスのリリース（譲渡）を行うためには，最終製品及び最終サービスの検証のみで可能とはならない場合が多い。「**8.5.1　f**)」に示す如く，最終検証ができない場合がある。この場合は，途中の工程で要求事項に適合する製品及びサービスを作り込んでいかねばならない。このため，組織は，製品及びサービスの要求事項を満たしていることを検証するために，適切な段階において，計画した取り決めを実施しなければならないとされているのである。

顧客への製品及びサービスのリリース（譲渡）は，計画した取決めが問題なく完了するまでは行ってはならないとされているが，当該の権限をもつ者が承認し，かつ，顧客が承認したとき（該当する場合）は可能であると規定している。

組織は，製品及びサービスのリリースについて，文書化した情報を保持しなければならないとされ，この記録（紙の記録とは限らない。ただ，顧客の求めがあれば紙の記録は必要である）には，次の事項を含まなければならないとされている。

a）合否判定基準を伴った，適合の証拠
b）リリースを正式に許可した人（人々）に対するトレーサビリティ

8.7 不適合なアウトプットの管理

8.7.1 （不適合なアウトプットの処置）

組織は，要求事項に適合しないアウトプットが誤って使用されること又は引き渡されることを防ぐために，それらを識別し，管理することを確実にしなければならない。

組織は，不適合の性質，並びにそれが製品及びサービスの適合に与える影響に基づいて，適切な処置をとらなければならない。これは，製品の引渡し後，サービスの提供中又は提供後に検出された，不適合な製品及びサービスにも適用されなければならない。

組織は，次の一つ以上の方法で，不適合なアウトプットを処理しなければならない。

a) 修正
b) 製品及びサービスの分離，散逸防止，返却又は提供停止
c) 顧客への通知
d) 特別採用による受入の正式な許可の取得

不適合なアウトプットに修正を施したときには，要求事項への適合を検証しなければならない。

[解　説]

ここでは，不適合なアウトプットの管理に関して規定している。不適合なアウトプットの管理の基本は“要求事項に適合しないアウトプットが誤って使用されること，または引き渡されることを防ぐ”ためである。そのために不適合なアウトプットは識別し，管理しなければならない。

不適合なアウトプットの処置は，その原因及びその性質によって適切な処置をとらなければならない。これは，製品の引渡し後，サービスの提供中，または提供後に検出された不適合製

品及びサービスにも適用されなければならない。

不適合なアウトプットは次の一つ，またはそれ以上の方法で処理しなければならない。

a) 修正；手直し（不適合となった製品及びサービスを適合とするための処置），修理（意図された用途に対して受け入れ可能とする処置）。不適合なアウトプットに修正を施したときには，要求事項への適合を検証しなければならない。

b) 製品及びサービスの分離，散逸防止，返却または提供停止（不適合となった製品及びサービスを誤って使用されること，または引き渡されることを防ぐ処置）

c) 顧客への通知

d) 特別採用による受入の正式な許可の取得（顧客から不適合のまま受け入れてもらう処置）

8.7.2 （不適合記録の保管）

組織は，次の事項を満たす文書化した情報を保持しなければならない。

a) 不適合が記載されている。

b) とった処置が記載されている。

c) 取得した特別採用が記載されている。

d) 不適合に関する処置について決定する権限をもつ者を特定している。

［解　説］

この項では，不適合の処置を行った場合の，文書化した情報を保持する要求事項が規定されている。

文書化した情報には，次の内容を記録して保管しなければならない。

a) 不適合の記載

b) とった処置の記載

c) 取得したあらゆる特別採用の記載

d) 不適合に関する処置について決定を下す権限をもつ者の特定

9. パフォーマンス評価

9.1 監視，測定，分析及び評価

9.1.1 一般

組織は，次の事項を決定しなければならない。

a) 監視及び測定が必要な対象

b) 妥当な結果を確実にするために必要な，監視，測定，分析及び評価の方法

c) 監視及び測定の実施時期

d) 監視及び測定の結果の，分析及び評価の時期

組織は，品質マネジメントシステムのパフォーマンス及び有効性を評価しなければならない。

組織は，この結果の証拠として，適切な文書化した情報を保持しなければならない。

［解　説］

この「9」章では，品質マネジメントシステムのパフォーマンスの評価に関する要求事項を規定している。ここでのパフォーマンスとは“測定可能な結果”であり，品質マネジメントシステム運用の過程で得られる種々の数値である。

品質マネジメントシステムの目的は，“組織が顧客要求事項及び適用される法令・規制要求事項を満たす製品及びサービスを一貫して提供する能力をもつこと並びに顧客満足の向上を目指すこと”にある。そのためには，組織は，そのマネジメントシステムが目的通りの結果を生み出しているかどうかを，その運用中に把握して確認しなければならない。その状況を把握する手段の数値をパフォーマンスという。

そのことから考えると，パフォーマンスは大から小まであるが，品質マネジメントシステムの主要な運用状況を把握できる数値を，製品及びサービスに関わるものやその業務，いわゆるプロセスの運用状況に関わるものから選び，その状況を監視，測定していくのである。その測定値が組織が決めた“許容限界”にあればよいが，許容限界を外れたら原因を追究して改善をしていくのである。良い方に外れれば“機会”であり，悪い方に外れれば“リスク”であり，ともに改善が求められる。

以下は，「9.1.1」項のパフォーマンスの活用に関する考え方を示している。

a) 監視及び測定が必要な対象

監視及び測定が必要な対象といえば，典型的なものはプロセスに見られる。日常的にプロセスが順調に運用されているかを把握するために監視測定がなされ，数値が把握される。例え

ば，おいしいビスケットは焼成プロセスの温度と時間の管理に左右される。他の例としては，顧客満足を含む，「**9.1.3　分析及び評価**」における a）～ g）を監視及び測定の対象にするとよい。そのような観点から，監視及び測定が必要な対象を選択すればよい。

b）　妥当な結果を確実にするために必要な，監視，測定，分析及び評価の方法

ここでの目的は種々の“パフォーマンス”が品質マネジメントシステム運用の状況を正しく監視し，測定し，分析し及び評価するためにどのような方法を活用したらよいかを明確にする必要があることを求めている。a）で示したビスケットの例では，炉に温度計を設置して目視で監視，測定し，焼成ガスは運転員が業務手順書に決められているバルブの開度で管理し，一定の時間ごとにサンプルをとり，焼け具合を目視で判定し，記録を保持している。前記では監視測定の対象を「**9.1.3**」項の a）～ g）に焦点を絞った。「**9.1.3**」項では，監視及び測定からの適切なデータ及び情報を得て分析し，その結果から a）～ g）の評価をすることになる。

c）　監視及び測定の実施時期

監視及び測定の実施時期であるが，継続的に行われているものは，実施の時期を選ぶということは特にない。間欠的に行われる顧客満足の監視測定や内部監査などは，d）の“結果の分析評価”に合わせればよい。

d）　監視及び測定の結果の，分析及び評価の時期

これは，マネジメントレビューで行われるであろうから，その時期に合わせて計画を立てればよい。

組織は，品質マネジメントシステムのパフォーマンス，及び有効性を評価しなければならない。

ここでは品質マネジメントシステムの総合的なパフォーマンス，及びその有効性を評価することが求められている。パフォーマンスが向上していれば品質マネジメントシステムは総合的に見れば有効なのであろうが，どれが有効で，どこに改善の余地があるかの評価も実施しなければならない。

組織は，この結果の証拠として，適切な文書化した情報を保持しなければならない。

前述の a）～ d）の内容の結果を記録として維持しなければならない。

9.1.2 顧客満足

組織は，顧客のニーズ及び期待が満たされている程度について，顧客がどのように受け止めているかを監視しなければならない。組織は，この情報の入手，監視及びレビューの方法を決定しなければならない。

注記 顧客の受け止め方の監視には，例えば，顧客調査，提供した製品及びサービスに関する顧客からのフィードバック，顧客との会合，市場シェアの分析，顧客からの賛辞，補償請求及びディーラ報告が含まれ得る。

[解　説]

この規格は，組織が顧客要求事項及び適用される法令・規制要求事項を満たす製品またはサービスを一貫して提供する能力をもつことを実証する必要がある場合，並びに顧客満足の向上を目指す場合に適用する要求事項が規定されている。組織の製品及びサービスをどのように受け止めているかを監視することは重要である。

2008 年版では顧客にアンケートを求めていたが，客観的な数値が得られにくかった。市場シェアの分析や売上金額などは客観的であり，顧客からのフィードバック（顧客苦情），顧客からの賛辞，補償請求及びディーラ報告と合わせて検討していくとよいと考えられる。

注記 顧客の受け止め方の監視には，例えば，顧客調査，提供した製品及びサービスに関する顧客からのフィードバック，顧客との会合，市場シェアの分析，顧客からの賛辞，補償請求及びディーラ報告が含まれ得る。

上の注記は，顧客満足の監視測定の調査内容の例が示されている。

9.1.3 分析及び評価

組織は，監視及び測定からの適切なデータ及び情報を分析し，評価しなければならない。

分析の結果は，次の事項を評価するために用いなければならない。

a) 製品及びサービスの適合

b) 顧客満足度

c) 品質マネジメントシステムのパフォーマンス及び有効性

d) 計画が効果的に実施されたかどうか。

e) リスク及び機会への取組みの有効性

f) 外部提供者のパフォーマンス

g) 品質マネジメントシステムの改善の必要性

注記 データを分析する方法には，統計的手法が含まれ得る。

[解　　説]

ここでは「**9.1.1**」項のa）～d）で要求され，文書化しデータを分析し，評価することが求められている。分析する目的は“パフォーマンス”及び“マネジメントシステムの有効性”評価である。「**9.1.1**」項においてこの項の内容に触れたので，ここではデータをまとめる方向について述べてみる。

データを次のような方向にまとめるのは，一つの考え方である。

a）製品及びサービスの適合；対前年比較，不適合の数，原因別不適合数など，その原因・理由

b）顧客満足度；対前年比，その原因・理由

c）品質マネジメントシステムのパフォーマンス及び有効性；対前年比較，その原因・理由

d）計画が効果的に実施されたかどうか；効果的に実施されていない計画とその内容，原因・理由

e）リスク及び機会への取り組みの有効性；有効，あるいは基準を下回った数，その原因・理由

f）外部提供者のパフォーマンス；前年比較，その原因・理由

g）品質マネジメントシステムの改善の必要性；前年比較，その原因・理由

注記　データを分析する方法には，統計的手法が含まれ得る。統計的手法はQC7つ道具を活用する。

9.2 内部監査

9.2.1 （内部監査の目的）

組織は，品質マネジメントシステムが次の状況にあるか否かに関する情報を提供するために，あらかじめ定めた間隔で内部監査を実施しなければならない。

a) 次の事項に適合している。

1) 品質マネジメントシステムに関して，組織自体が規定した要求事項

2) この規格の要求事項

b) 有効に実施され，維持されている。

[解　　説]

この項では内部監査に関して規定されている。

内部監査は，組織の品質マネジメントシステムが次の状況にあるか否かを監査するために，あらかじめ定めた間隔で実施することが要求されている。

> **a)** 次の事項に適合している。
> **1)** 品質マネジメントシステムに関して，組織自体が規定した要求事項

組織が実施している内容が，組織が決めた品質マネジメントシステムに適合しているか。

> **a)** 次の事項に適合している。
> **2)** この規格の要求事項

組織自体が規定したマネジメントシステムが，この規格の要求事項に適合しているか。

> **b)** 有効に実施され，維持されている。

組織の品質マネジメントシステムが計画通りに実施され，計画した結果が達成できているか。

9.2.2 （内部監査の実施内容）

組織は，次に示す事項を行わなければならない。

a) 頻度，方法，責任，計画要求事項及び報告を含む，監査プログラムの計画，確立，実施及び維持。監査プログラムは，関連するプロセスの重要性，組織に影響を及ぼす変更，及び前回までの監査の結果を考慮に入れなければならない。

b) 各監査について，監査基準及び監査範囲を定める。

c) 監査プロセスの客観性及び公平性を確保するために，監査員を選定し，監査を実施する。

d) 監査の結果を関連する管理層に報告することを確実にする。

e) 遅滞なく，適切な修正を行い，是正処置をとる。

f) 監査プログラムの実施及び監査結果の証拠として，文書化した情報を保持する。

注記 手引として **JIS Q 19011** を参照。

［解　説］

この項は，次のように，内部監査で実施すべき内容を規定している。

> **a)** 頻度，方法，責任，計画要求事項及び報告を含む，監査プログラムの計画，確立，実施及び維持。監査プログラムは，関連するプロセスの重要性，組織に影響を及ぼす変更，及び前回までの監査の結果を考慮に入れなければならない。

内部監査では，監査をまとめる責任者を指名しなければならない。一方，監査には，監査プ

ログラムという計画書を作らなければならない。これは，過去の監査，主として前々回，前回の結果を参考にしながら，直近の期間の重点事項も考慮して，該当の監査ではどのプロセスをどのように監査するかを決めた計画表である。監査が終わった段階で次の監査の計画を作り，必要なものを追加し，あるいは削除して該当時期の監査計画を作るものである。

監査プログラムには監査の年間頻度，監査の手順，責任，監査箇所及び報告の方法に関して記述しなければならない。

監査のプログラムで計画を立案するときには，プロセスの重要性，組織に及ぼす変更が行われた部署，及び前回までの監査の結果を考慮に入れなければならない。次の監査の前には，このプログラムを手直ししてよい。

b)　各監査について，監査基準及び監査範囲を定める。

監査の対象プロセスごとに，何に基づいて監査するかという基準，どの範囲を監査するかを明確にしなければならない。

c)　監査プロセスの客観性及び公平性を確保するために，監査員を選定し，監査を実施する。

監査の公平性を確保するために，監査員は，そのプロセスに関連しているかいないかではなく，公平な態度で監査できる要員を選択しなければならない。

d)　監査の結果を関連する管理層に報告することを確実にする。

監査の結果は，関連する管理層に報告して理解してもらわなければならない。

e)　遅滞なく，適切な修正を行い，是正処置をとる。

監査で不適合が見いだされたら，決められた期間内に修正をし，是正処置をとらなければならない。

f)　監査プログラムの実施及び監査結果の証拠として，文書化した情報を保持する。

監査プログラムに沿って監査が実施されたのか，どのような監査がなされたのかの証拠を文書化した情報として保持しなければならない。

注記　手引として **JIS Q 19011** を参照。

JIS Q 19011：2012（ISO 19001：2011）は監査のマネジメントシステムである。2011 年以前は第三者監査（マネジメントシステム認証審査）も含めて「マネジメントシステム監査のための指針」として活用されていた。しかしながら，2011 年に制定された JIS Q 17021（ISO/IEC 17021：2011：適合性評価—マネジメントシステムの審査及び認証を行う機関に対する要求事項）の第2版にマネジメントシステム認証審査のための要求事項が追加されたので，この規格（ISO 19011：2011）では，“内部監査”（第一者）及び“サプライヤーについて顧客によって行われる監査”（第二者）に使用されるものになった。

9.3 マネジメシトレビュー

9.3.1 一般

トップマネジメントは，組織の品質マネジメントシステムが，引き続き，適切，妥当かつ有効で更に組織の戦略的な方向性と一致していることを確実にするために，あらかじめ定めた間隔で，品質マネジメントシステムをレビューしなければならない。

［解　説］

マネジメントレビューとは，トップマネジメントによって行われる組織のマネジメントシステムの進捗状況の点検である。マネジメントシステムが適切に運用され，成果を出しているかを評価するものである。この評価は，あらかじめ定められた間隔で実施されることが要求されている。月単位でも，年単位でもよい。

9.3.2 マネジメントレビューへのインプット

マネジメントレビューは，次の事項を考慮して計画し，実施しなければならない。

a) 前回までのマネジメントレビューの結果とった処置の状況

b) 品質マネジメントシステムに関連する外部及び内部の課題の変化

c) 次に示す傾向を含めた，品質マネジメントシステムのパフォーマンス及び有効性に関する情報

- **1)** 顧客満足及び密接に関連する利害関係者からのフィードバック
- **2)** 品質目標が満たされている程度
- **3)** プロセスパフォーマンス，並びに製品及びサービスの適合
- **4)** 不適合及び是正処置
- **5)** 監視及び測定の結果
- **6)** 監査結果
- **7)** 外部提供者のパフォーマンス

d) 資源の妥当性

e) リスク及び機会への取組みの有効性（**6.1** 参照）

f) 改善の機会

［解　説］

マネジメントレビューは次の事項を対象にして行われるが，そのことに対してトップマネジメントから処置の指示がなされるのである。

a)　前回までのマネジメントレビューの結果とった処置の状況

マネジメントレビューの結果は，トップマネジメントから処置の指示がなされる。その指示に対してトップマネジメントに処置の回答をするが，必要があれば，次回以降のマネジメントレビューでも報告がなされる。

b)　品質マネジメントシステムに関連する外部及び内部の課題の変化

「**4.1**」節で，組織の品質マネジメントシステムに関連する外部及び内部の課題を明確にすることが求められている。前回以降の変化状況の報告がなされるのである。

c)　次に示す傾向を含めた，品質マネジメントシステムのパフォーマンス及び有効性に関する情報

1)　顧客満足及び密接に関連する利害関係者からのフィードバック

顧客満足及び密接に関連する利害関係者からのフィードバックの傾向から見た品質マネジメントシステムにおける成果や有効性の情報を報告する。

2)　品質目標が満たされている程度

品質目標が満たされている程度の傾向から見た品質マネジメントシステムにおける成果や有効性の情報を報告する。

3)　プロセスパフォーマンス，並びに製品及びサービスの適合

プロセスの成果ならびに製品及びサービスの適合の傾向から見た品質マネジメントシステムにおける成果や有効性の情報を報告する。

4)　不適合及び是正処置

不適合及び是主処置の傾向から見た品質マネジメントシステムにおける成果や，有効性の情報を報告する。

5)　監視及び測定の結果

監視及び測定の結果の傾向から見た品質マネジメントシステムにおける成果や，有効性の情報を報告する。

6) 監査結果

監査結果の傾向から見た品質マネジメントシステムにおける成果や有効性の情報を報告する。

7) 外部提供者のパフォーマンス

外部提供者のパフォーマンスの傾向から見た品質マネジメントシステムにおける成果や，有効性の情報を報告する。

d) 資源の妥当性

「**7.1**」節における資源の提供状況から見たその妥当性を報告する。

e) リスク及び機会への取組みの有効性（**6.1** 参照）

リスク及び機会に取り組むためにとった処置に関して，その有効性の状況を報告する。

f) 改善の機会

改善の機会の活用状況とその効果を報告する。

9.3.3 マネジメントレビューからのアウトプット

マネジメントレビューからのアウトプットには，次の事項に関する決定及び処置を含めなければならない。

a) 改善の機会

b) 品質マネジメントシステムのあらゆる変更の必要性

c) 資源の必要性

組織は，マネジメントレビューの結果の証拠として，文書化した情報を保持しなければならない。

［解　説］

マネジメントレビュー後に，トップマネジメントから次の指示を提示しなければならない。

a) 改善の機会：品質マネジメントシステムに対する改善の機会に対する指示

b) 品質マネジメントシステムのあらゆる変更の必要性：品質マネジメントシステムに関して変更が必要な個所に対する指示

c) 資源の必要性：資源を投入すべき個所に対する指示

マネジメントレビューに対する討議の証拠として，記録を維持しなければならない。

10. 改　善

10.1 一般

組織は，顧客要求事項を満たし，顧客満足を向上させるために，改善のための機会を明確にし，選択しなければならず，また，必要な取組みを実施しなければならない。

これには，次の事項を含めなければならない。

a) 要求事項を満たすため，並びに将来のニーズ及び期待に取り組むための，製品及びサービスの改善

b) 望ましくない影響の修正，防止又は低減

c) 品質マネジメントシステムのパフォーマンス及び有効性の改善

注記 改善には，例えば，修正，是正処置，継続的改善，現状を打破する変更，革新及び組織再編が含まれ得る。

[解　説]

この規格は，組織が顧客要求事項及び適用される法令・規制要求事項を満たす製品またはサービスを一貫して提供する能力をもつことを実証する必要がある場合，ならびに顧客満足の向上を目指す場合に適用する要求事項が規定されている

この章における改善は，顧客要求事項を満たし，顧客満足を向上させるために改善の機会を明確にして選択し，必要な処置が求められている。

これらの改善には，次の事項を含むことが求められている。

a) 要求事項を満たすため，並びに将来のニーズ及び期持に取り組むための，製品及びサービスの改善

顧客要求事項を満たすことは当然のことであり，現在の顧客要求事項に対する課題を監視して，必要であれば改善を継続しなければならない。一方，常に，「**4.2**」節の利害関係者のニーズ及び期待を理解しながら，顧客の将来のニーズを見据えて改善をしなければならない。

b) 望ましくない影響の修正，防止又は低減

プロセスを監視しながら，望ましくない状況の傾向が見られたときは直ちに修正，防止または低減する。

c) 品質マネジメントシステムのパフォーマンス及び有効性の改善

品質マネジメントシステムのパフォーマンス及び有効性を常に監視をしながら改善を目指す。

注記　改善には，例えば，修正，是正処置，継続的改善，現状を打破する変更，革新及び組織再編が含まれ得る。

改善には，例えば，修正，是正処置，継続的改善，現状を打破する変更，革新及び組織再編が考えられる。

10.2　不適合及び是正処置

10.2.1　(不適合の処置)

苦情から生じたものを含め，不適合が発生した場合，組織は，次の事項を行わなければならない。

a)　その不適合に対処し，該当する場合には，必ず，次の事項を行う。

1)　その不適合を管理し，修正するための処置をとる。

2)　その不適合によって起こった結果に対処する。

b)　その不適合が再発又は他のところで発生しないようにするため，次の事項によって，その不適合の原因を除去するための処置をとる必要性を評価する。

1)　その不適合をレビューし，分析する。

2)　その不適合の原因を明確にする。

3)　類似の不適合の有無，又はそれが発生する可能性を明確にする。

c)　必要な処置を実施する。

d)　とった全ての是正処置の有効性をレビューする。

e)　必要な場合には，計画の策定段階で決定したリスク及び機会を更新する。

f)　必要な場合には，品質マネジメントシステムの変更を行う。

是正処置は，検出された不適合のもつ影響に応じたものでなければならない。

[解　　説]

ここでは，顧客苦情を含めて，不適合が発生した時に実施する改善に関して次の事項を規定している。

a)　その不適合に対処し，該当する場合には，必ず，次の事項を行う。

1)　その不適合を管理し，修正するための処置をとる。

不適合に対して修正をする，とは不適合そのものを処置することである。例えば，不適合製品を手直しして不適合でなくすること，あるいは不適合製品を修理して，意図された用途に使用できるようにすることである。不適合そのものを改善することである。

2) その不適合によって起こった結果に対処する。

不適合によって起こった結果に対して対処するとは，例えば，不適合品を使用したその製品（不適合品の可能性がある）に対して賠償をするとか正常な製品を提供して，それを使用する製品が正常になるような改善を行うことである。

b) その不適合が再発又は他のところで発生しないようにするため，次の事項によって，その不適合の原因を除去するための処置をとる必要性を評価する。
1) その不適合をレビューし，分析する。

不適合の再発，または他のところで同じ不適合が発生しないようにするために，その不適合を検討，分析し，その不適合の原因を除去するための処置をとる必要があるのかどうかを検討する，と記述されている。ということは，この不適合は再発防止の処置，いわゆる是正処置をとるべきか，とる必要がないかを検討するということである。したがって，必ずしも是正処置をとるとは言っていないのである。この要求事項の末尾に要求されている“是正処置は，検出された不適合のもつ影響に応じたものでなければならない”ということで判断するのである。

2) その不適合の原因を明確にする。

前記 b-1）で，該当する不適合が他のところで発生する危険性があると判断した場合は，該当する不適合の発生した原因を明確にする，と言っているのである。この段階では，是正処置をとるとは言っていないのである。

3) 類似の不適合の有無，又はそれが発生する可能性を明確にする。

前記 b-2）で，該当する不適合の原因は明らかになったのであるが，その不適合の原因を除去する必要性があるかを，この段階で，類似の不適合の有無，またはそれが発生する可能性を明確にすると言っているのである。この段階では，是正処置をとるとは言っていないのである。

是正処置は，b)-1）その不適合をレビューし，分析する，→2）その不適合の原因を明確にする，→3）過去に類似の不適合があった，またはそれが発生する可能性を熟慮してはじめて，是正処置に移行するのである。

c) 必要な処置を実施する。

この段階で是正処置をとる必要があるとの判断に達したものは，具体的な処置をとり，改善すること，としているのである。

d) とった全ての是正処置の有効性をレビューする。

とった全ての是正処置が有効であるかどうかを確認すると言っているのである。

e) 必要な場合には，計画の策定段階で決定したリスク及び機会を更新する。

計画の策定段階で想定したリスクあるいは機会に対して処置をとっていたのであるが，その処置が適切でないことが該当する不適合の原因である場合はその想定内容を別の方法に変更すると言っているのである。

是正処置は，検出された不適合のもつ影響に応じたものでなければならない。

是正処置は，その内容によっては大きな資源が必要な場合がある。したがって，是正処置は検出された不適合のもつ影響に応じたものでなければならないのである。

10.2.2 （不適合に対する処置の証拠）

組織は，次に示す事項の証拠として，文書化した情報を保持しなければならない。

a) 不適合の性質及びそれに対してとったあらゆる処置

b) 是正処置の結果

［解　説］

不適合の性質，及びそれに対してとったあらゆる処置，及び是正処置の結果に関しては文書化した情報を保持しなければならない。

10.3 継続的改善

組織は，品質マネジメントシステムの適切性，妥当性及び有効性を継続的に改善しなければならない。

組織は，継続的改善の一環として取り組まなければならない必要性又は機会があるかどうかを明確にするために，分析及び評価の結果並びにマネジメントレビューからのアウトプットを検討しなければならない。

［解　説］

品質マネジメントは適切，十分であり，有効でなければならないので，課題が見つかれば継続的に改善しなければならない。そのために「**9.1.3**」項の分析及び評価，ならびに「**9.3**」節のマネジメントレビューのアウトプットについて検討しなければならないのである。

索　引

【ア　行】

【カ　行】

【サ　行】

【タ　行】

【ナ　行】

【ハ　行】

【マ　行】

【ヤ　行】

【ラ　行】

◆ 矢田富雄（やた　とみお）略歴

1960年　横浜国立大学工学部卒業

1960年　味の素株式会社へ入社

同社川崎工場，中央研究所，九州工場，インドネシア味の素（出向），本社生産技術部門，製品評価部門，食品総合研究所勤務

1996年　社団法人 日本農林規格協会出向

（各種業界の食品安全システム制定指導）

1997年　財団法人 日本品質保証機構出向

その後，株式会社東京品質保証機構，株式会社国際規格研究所，株式会社テクノファ食品安全マネジメントシステム（IRCA認定，JRCA認定）主任講師を経て，現在，湘南ISO情報センター代表

技術士，中小企業診断士

IRCA登録　ISO 9001主任審査員

JRCA登録　ISO 9001主任審査員

IRCA登録　食品安全マネジメントシステム主任審査員

JRCA登録　食品安全マネジメントシステム主任審査員

農場HACCP審査員養成講座講師

現場視点で読み解く

ISO 9001：2015の実践的解釈

2016年 1月30日　初版第1刷　発行

著　者　矢田富雄

発行者　夏野雅博

発行所　株式会社　幸書房

〒100-0051　東京都千代田区神田神保町2-7

TEL　03-3512-0165　FAX　03-3512-0166

URL　http://www.saiwaishobo.co.jp

組　版　デジプロ

印　刷　シナノ

ISBN 978-4-7821-0407-1　C3050